Mahendrasinh Dabhi

Livro sobre a tabela de vida e a gestão da broca da vagem da luzerna, H. armigera

Mahendrasinh Dabhi

Livro sobre a tabela de vida e a gestão da broca da vagem da luzerna, H. armigera

ScienciaScripts

Imprint

Cover image: www.ingimage.com

This book is a translation from the original published under ISBN 978-3-659-86757-6.

Publisher:
Sciencia Scripts
is a trademark of
Dodo Books Indian Ocean Ltd. and OmniScriptum S.R.L publishing group

120 High Road, East Finchley, London, N2 9ED, United Kingdom
Str. Armeneasca 28/1, office 1, Chisinau MD-2012, Republic of Moldova, Europe
Managing Directors: Ieva Konstantinova, Victoria Ursu
info@omniscriptum.com

Printed at: see last page
ISBN: 978-620-8-57939-5

Conteúdo

Agradecimentos

Como investigador novato, na fase inicial do planeamento do meu trabalho, tive a estranha sensação de me perder na densa floresta da metodologia de investigação. É com orgulho que menciono que o meu experiente orientador concedeu todos os seus recursos intelectuais para elaborar um plano meticuloso que me permite gerir todos os recursos para realizar o meu trabalho de investigação a tempo. Por conseguinte, os meus primeiros e mais humildes agradecimentos ao meu orientador, Dr. C. C. Patel, Investigador Associado (Entomologia), Estação Principal de Investigação de Forragens, Universidade Agrícola de Gujarat, Campus de Anand, Anand- 388 110.

I would like to express infinite indebtedness to the member of my advisory committee Dr. G. B. Valand, Professor & Head, Department of Plant Pathology, B. A. College of Agriculture, Gujarat Agricultural University, Anand Campus, Anand- 388 110, Dr. R. C. Jhala, Professor & Head, Department of Entomology, B. A. College of Agriculture, Gujarat Agricultural University, Anand Campus, Anand- 388 110 e Dr. P. R. Vaishnav, Professor Associado, Departamento de Estatística Agrícola, B. A. College of Agriculture, Gujarat Agricultural University, Anand Campus, Anand- 388 110.

T. M. Bharpoda, Departamento de Entomologia, BACA, GAU, Anand, pela sua cooperação durante todo o período de estudo. Os meus agradecimentos cordiais ao Dr. J. P. Yajavendra, ao Dr. H. P. Parmar, ao Dr. M. R. Patel, ao Dr. M. K. Gangani, ao Shri P. G. Parmar, ao Shri N. G. Vaghela e a outros membros do pessoal da Estação Principal de Investigação Forrageira, GAU, Anand, pela cooperação e pelas instalações para o trabalho de investigação. Estou também grato a Shri R. G. Vaghela e a Shri Ishwarbhai Solanki.

Expresso os meus sinceros agradecimentos a M/s. Agrolex Industries Ltd. Agrolex Industries Ltd, Nova Deli, Shri G. R. Patel, Diretor do Campus, Universidade Agrícola de Gujarat, Campus de Anand, Anand- 388 110 e Dr. R. C. Jhala, Professor e Chefe do Departamento de Entomologia, BACA, GAU, Anand, por fornecerem assistência financeira como Bolsa de Investigação Júnior até aos seis meses de estudo.

Estou igualmente grato aos meus amigos Yogesh Patel, Bhupendra Vihol, Devang,

Amit Patel, Deepak Nayee, Mehul Patel e Kuldeep pela sua ajuda direta ou indireta ao longo de todo o período do meu estudo.

Devido à bênção da minha avó (Surajben), dos meus pais (Shri Vinodbhai e Samuben), dos meus tios (Shri Rameshbhai e Shri P. U. Chauhan) e ao encorajamento do meu irmão mais novo (Ajay) durante o período de estudo e da minha amada esposa (Shobha), a preparação deste livro tornou-se uma realidade.

Mahendra V Dabhi

Nomenclatura

et al.	-	and others
Fig.	-	Figure
Ha	-	Hectare
i.e.	-	that is
kg	-	kilogram
GAU	-	Gujarat Agricultural University
ml	-	milli liter
Ltd.	-	Limited
°C	-	Degree Celsius
Rs	-	Rupees
EC	-	Emulsifiable Concentrate
NPV	-	Nuclear Polyhedrosis Virus
NSKE	-	Neem Seed Kernel Extract

Capítulo - I

Introdução:

A luzerna (*Medicago sativa* Linnaeus) é uma das importantes culturas de leguminosas forrageiras perenes da Índia, também conhecida como a "rainha das culturas forrageiras cultivadas" ou "ouro verde". Fornece forragens nutritivas de boa qualidade e também melhora a fertilidade do solo. A cultura fornece um abastecimento contínuo de forragem verde durante 3-4 anos a partir do mesmo campo em condições edafoclimáticas favoráveis. Está bem adaptada a temperaturas quentes e a condições climáticas frias. Pode ser cultivada numa variedade de solos, desde os franco-arenosos aos argilosos, mas é muito sensível aos solos alagados e ácidos. Foi introduzida na Índia nos anos 90. Atualmente, tem uma distribuição mundial e é cultivada principalmente nos EUA, URSS, Austrália, Argentina, França, Nova Zelândia, Bulgária e Índia. Na Índia, é cultivada principalmente em Gujarat, Hariyana, Punjab, Madhya Pradesh, Uttar Pradesh e Maharashtra. É cultivada numa área de 10 lakh ha com uma produção de 60-130 toneladas/ha como forragem verde e 150 kg/ha como semente na Índia (Hazra, 1995). Em Gujarat, a cultura da luzerna está sobretudo confinada a Saurashtra, bem como ao norte e ao centro de Gujarat, cobrindo cerca de 62 000 ha. Assim, Gujarat é o principal estado na produção de sementes de luzerna e exporta as sementes para Rajasthan e outros estados da Índia.

A cultura sofre o ataque do afídeo (*Therioaphis maculata* Buckton), da broca da vagem da grama [*Helicoverpa armigera* (Hubner) Hardwick] e da lagarta comedora de folhas (*Spodoptera litura* Fabricius), enquanto a trepadeira (*Amrasca biguttula biguttula* Ishida) e o gorgulho da luzerna (*Hypera postica* Gyllenhal) são pragas menores. *A H. armigera* é considerada uma das principais pragas de lepidópteros na produção de sementes de luzerna. Durante os meses de verão, sobrevive na cultura da luzerna cultivada para efeitos de produção de sementes, na ausência de outras culturas hospedeiras no campo (Yadav *et al.*, 1986). Diferentes pragas de insectos causaram perdas na produção de sementes de luzerna até 16,49 por cento em Gujarat (Patel *et al.*, 2003).

Helicoverpa armigera (Hubner) Hardwick é uma praga cosmopolita, multivoltina e altamente polífaga que ataca várias culturas de importância agrícola em todo o mundo (Karnz *et al.*, 1987). Está amplamente distribuída nas regiões tropicais e subtropicais , abrangendo cerca de 68 países do mundo (Mule e Chari, 1978). A praga foi referida com vários sinónimos científicos, nomeadamente, *Noctua armigera* Hubner, *Chloridea (Obsoleta) armigera* Boursi, *Heliothis armigera* (Hubner) Todd (Hampson, 1903; Boursin, 1965; Hardwick, 1965 e Todd, 1978). Da mesma forma, muitos nomes comuns foram aplicados às larvas desta praga. Na sua maioria, referem-se corretamente à cultura atacada e descrevem a lesão mais importante causada pelas larvas. É conhecida como broca da vagem da grama, lagarta do algodão americana, lagarta do tabaco, lagarta do tomateiro, lagarta da espiga do milho, broca da vagem do feijão, lagarta da erva indiana, lagarta do linho e lagarta da luzerna (Broadley, 1977).

Anteriormente, considerava-se que *H. armigera* era a única espécie polífaga (*Heliothis obsolete* Hubn.), mas numerosos taxonomistas concluíram posteriormente que existiam muitas espécies do género *Heliothis* na natureza (Reed e Pawar, 1981). Entre as diferentes espécies, *H. armigera*, *H. assulta* e *H. peltigera* são as que ocorrem com maior frequência na Índia, sendo *H. armigera* uma das espécies predominantes (Jayraj, 1981). A lagarta desta praga ataca uma grande variedade de culturas agrícolas, plantas ornamentais e muitas plantas infestantes na Índia (Bhatnagar e Davies, 1978). Causa grandes prejuízos a muitas culturas economicamente importantes, como a luzerna, o algodão, o feijão-frade, o grão-de-bico, o milho, o trigo, o amendoim, o cártamo, o tabaco, o tomate, a malagueta e a soja (Bhatnagar e Davies, 1978). Na Índia, a praga foi registada em Maharashtra, Andhra Pradesh, Gujarat, Assam, Bihar, Uttar Pradesh, Punjab, Haryana, Himachal Pradesh, Madhya Pradesh, Tamil Nadu, Karnataka, Orissa, Rajasthan e Bengala Ocidental (Mule e Chari, 1978) e causou graves danos às culturas económicas. Tendo em conta o seu hábito polifágico e os prejuízos causados em diferentes culturas, foi-lhe atribuído o estatuto de "praga nacional" e "praga internacional".

A tabela de vida da fecundidade (para as fêmeas) é útil para determinar a adequação dos hospedeiros e a fase do ciclo de vida da praga, o que contribui para a tendência da população. Para determinar a capacidade reprodutiva e o potencial biótico, foi desenvolvida uma estatística por Birch (1948) e Howe (1953) para explicar o aumento da população. Esta estatística é a capacidade inata de aumento, que também é chamada de taxa intrínseca verdadeira de aumento natural (rm). O estudo também determina a taxa finita de crescimento, que significa o número de indivíduos acrescentados à população por cabeça e por unidade de tempo.

Os componentes ambientais são diretamente responsáveis por limitar a extensão da sobrevivência, o grau de desenvolvimento e a fecundidade de qualquer espécie de inseto praga. Por conseguinte, é necessário compreender o papel dos parâmetros meteorológicos na causa da flutuação da população. Existe uma literatura volumosa sobre a história de vida, o hábito alimentar e as medidas de controlo da *H. armigera*, mas há poucos trabalhos de investigação sobre a produção de sementes de luzerna em Gujarat. Vários trabalhadores recomendaram insecticidas para o controlo de *H. armigera*, mas a utilização de produtos químicos tóxicos causou vários problemas ao ambiente. Por conseguinte, tendo em conta a importância económica e a natureza polífaga da praga, as presentes investigações foram realizadas nas seguintes áreas gerais.

1. Construção de tabelas de fecundidade vital de *H. armigera* em luzerna, grão-de-bico e sorgo.

2. Abundância sazonal de *H. armigera* na cultura da luzerna.

3. Avaliação de insecticidas contra *H. armigera* em luzerna cultivada para produção de sementes.

Capítulo - II

Revisão da literatura

A Helicoverpa armigera (Hubner) Hardwick é uma praga polífaga que se alimenta de muitas culturas, incluindo luzerna, algodão, feijão-frade, grão-de-bico, milho, trigo, amendoim, cártamo, tabaco, tomate, malagueta e soja. Estão disponíveis informações consideráveis sobre o controlo químico desta praga. No entanto, as informações sobre o ciclo de vida da *H. armigera* na luzerna, no grão-de-bico e no sorgo, a abundância sazonal e o controlo na cultura da luzerna cultivada para a produção de sementes são muito escassas. Por conseguinte, é feita uma tentativa de rever a literatura disponível sobre diferentes aspectos do ciclo de vida, da abundância sazonal e do controlo desta praga, que têm uma relação direta ou indireta com as presentes investigações e são apresentados neste capítulo.

2.1 Tabela de fecundidade da vida

Birch (1948) definiu a taxa intrínseca de crescimento como a taxa real de crescimento da população em condições ambientais específicas, em que o espaço e os alimentos são ilimitados e não existe qualquer fator de mortalidade para além do fisiológico.

Howe (1953) sugeriu que se poderia construir uma tabela de vida seguindo a história de vida de um grupo de insectos desde a deposição de ovos até à emergência bem sucedida de um adulto, uma vez que todas as mortes ocorrem em conjunto na fase adulta. Sugeriu também que o alimento influencia principalmente a taxa de crescimento e que o efeito é expresso através das fases de desenvolvimento dos insectos.

Bilapate *et al.* (1977) estudaram a taxa de multiplicação em luzerna a 26± 1 °C e relataram que, em condições de espaço ilimitado e de alimentação suficiente, a população de *H. armigera* aumentou com uma taxa infinesimal (rm) de 0,1160 e uma taxa finita (λ) de 1,12 por fêmea por dia. A taxa líquida de reprodução foi de 185,59 e a duração média da geração de 45,03 dias. Afirmaram ainda que, ao atingir uma distribuição etária estável, a população seria composta por 45,24% de ovos, 44,34% de larvas, 4,38% de pupas e 0,62% de adultos. Foi também efectuado um estudo semelhante com ervilhas, em que os valores de 'Ro', 'rm' e 'λ' foram de 407,39, 0,1346 e 1,44, respetivamente, com um tempo médio de geração de 44,64 dias (Bilapate e Pawar, 1978).

Wu *et al.* (1978) construíram uma tabela de fecundidade de *H. armigera* em algodão a cinco temperaturas constantes diferentes, de 15 a 35 °C. Verificaram que o efeito da temperatura na sobrevivência variava consoante as fases de desenvolvimento. A percentagem mais elevada de sobrevivência de uma geração inteira ocorreu a 30 °C e a mais baixa a 15 °C. A temperatura óptima foi observada a 25 °C.

Bilapate *et al.* (1978) relataram que a capacidade inata de aumento do número (rm) foi de 0,1070 com a taxa finita de aumento (λ) de 1,12 por fêmea por dia em feijão-de-lima (*Phaseolus lunatus* Mack). A duração média da geração foi de 49,81 dias. Observaram ainda que a população era capaz de se multiplicar 206,47 vezes no final de cada geração e que a população ao atingir a distribuição etária estável era composta por 36,64, 58,34, 4,40 e 0,45 por cento de ovos, larvas, pupas e adultos, respetivamente.

Dhandapani e Balasubramanian (1979) construíram tabelas de vida de *H. armigera* em cápsulas de algodão em laboratório. A população aumentou com uma taxa intrínseca (rm) de 0,1475 e uma taxa finita (λ) de 1,151 por fêmea por dia. A taxa líquida de reprodução (Ro) foi calculada em 537,04 com um período médio de geração de 42,63 dias. Segundo Wu *et al.*, (1980) a capacidade inata de aumento e a taxa finita de aumento foram de 0,1902 e 1,210 fêmeas por fêmea por dia, respetivamente, em algodão na China a 30 °C. A duração média da geração foi de 31,27 dias e a taxa líquida de reprodução de 347,25. A distribuição etária estável teórica revelou que os estádios imaturos representavam mais de 97%.

Bilapate *et al.* (1980) construíram uma tabela de fecundidade de vida de *H. armigera* em cártamo e verificaram que a população aumentou a uma taxa intrínseca de 0,1343 e a uma taxa finita de 1,1350 fêmeas por fêmea por dia. A população multiplicou-se 358,53 vezes em duas gerações sucessivas e cada geração foi completada numa média de 43,60 dias.

Bilapate *et al.* (1983) estudaram a capacidade intrínseca de aumento de *H. armigera* em ervilha-de-angola. A taxa líquida de reprodução (Ro) foi registada como sendo de 388,93. A população aumentou a uma taxa infinitesimal (rm) de 0,1327 e a uma taxa finita (λ) de 1,1419 fêmeas por fêmea por dia. O tempo médio de geração (T) foi de 44,93 dias. Ao atingir uma distribuição etária estável, a população era composta por cerca de 99% de estádios imaturos. A esperança de vida aos 30 a 35 dias de idade era de 7,18 dias, em comparação com 16,26 dias para os ovos recém postos.

De acordo com Dhandapani e Balasubramanian (1984), a taxa líquida de reprodução (Ro) foi de 14,063 no tomateiro. A população aumentou com uma taxa intrínseca de 0,1190 e uma taxa finita de 1,127 fêmeas por fêmea por dia. Uma geração foi completada em 14,15 dias. Ao atingir uma distribuição etária estável, a população era composta por aproximadamente 99% de estádios imaturos.

Koshiya (1984) estudou o potencial reprodutivo de *H. armigera* em grão-de-bico, algodão, amendoim e trigo e relatou que a taxa líquida de reprodução foi de 586,67, 411,84, 318,38 e 355,39 nas respectivas culturas hospedeiras. A duração média da geração diferiu consideravelmente nos diferentes hospedeiros. Foi máxima (44,43 dias) no amendoim e mínima (37,50 dias) no trigo. A capacidade inata de aumento do número de fêmeas foi de 0,1478, 0,1367, 0,1310 e 0,1566 fêmeas por fêmea por dia nos respectivos hospedeiros. Com base no valor de 'rm', os hospedeiros foram classificados como trigo> grão-de-bico> algodão> amendoim.

Patel e Mittal (1986) construíram tabelas de vida de *H. armigera* em sorgo. Indicaram que a capacidade inata de aumento do número de fêmeas era de 0,18 fêmeas por fêmea por dia, com uma taxa diária finita de aumento de 1,63 fêmeas por fêmea por dia. Verificou-se que a população da praga seria capaz de se multiplicar 19,1 vezes por geração.

De acordo com Koshiya e Patel (1987), a idade mais elevada para o nascimento de fêmeas no tabaco foi registada em 130,60 fêmeas por fêmea por dia no 41º dia da idade pivotal. A taxa líquida de reprodução foi de 320,49. A capacidade inata de aumento do número e a taxa finita de aumento foram de 0,1416 e 1,1520 fêmeas por fêmea por dia. O número hipotético de fêmeas F2 foi calculado em 102713,84.

Raghuwanshi e Vaishampayan (1992) relataram que as taxas intrínsecas de aumento eram de 0,1194 e 0,1288 indivíduos por dia. A população multiplicou-se 205,26 e 284,45 vezes num tempo de geração de 44,39 e 43,87 dias em sorgo e grão-de-bico, respetivamente.

Um estudo semelhante foi efectuado por Patel e Koshiya (1998) através da tabela de vida da fecundidade de *H. armigera* em luzerna. Os autores relataram que a taxa líquida de reprodução foi de 206,25; a população aumentou com uma taxa infinitesimal de 0,1272 e uma taxa finita de 1,136 fêmeas por fêmea por dia.

2.2 Abundância sazonal

Anteriormente, Beeson (1961) referiu que a praga completava 8 gerações durante o ano, com hibernação na fase de pupa. Singh e Singh (1975) referiram que todas as fases desta praga estavam disponíveis durante os meses de março a maio. No entanto, estava inativa durante o mês de junho devido às altas temperaturas no Punjab. Afirmaram também que a praga repousava no solo quer durante a fase larvar quer durante a fase de pupa. Registaram quatro gerações durante o ano em diferentes culturas.

Pandov (1976) referiu que *Heliothis maritime* Graslin (*Chloridea maritime*) atacou a cultura da luzerna na terceira geração na Bulgária. De acordo com Bilapate *et al.* (1977), *a H. armigera* esteve ativa durante todo o ano, com uma população rara no milho durante o verão na região de Marathawada.

Shaheen (1977) referiu que esta praga estava ativa no tomate de agosto a fevereiro e que o seu pico de atividade se verificava de setembro a novembro. Um estudo sobre capturas com armadilhas luminosas revelou que as traças da primeira ninhada apareciam em março, enquanto a segunda e a terceira ninhadas apareciam em abril e maio, respetivamente (Singh, 1977).

De acordo com Bhatnagar e Davies (1978), o tomateiro, o milho e as ervas daninhas actuaram como plantas alimentares de transição durante a estação seca em Andhra Pradesh e completaram 7 a 8 gerações num ano.

Morrill (1979) relatou que a população de *Heliothis zea* (Boddie) em campos de luzerna na Geórgia aumentou em meados de julho em 1976 e 1977. Enquanto que as densidades populacionais de larvas aumentaram até 22% em agosto de 1977.

Singh e Singh (1980) efectuaram um estudo sobre a abundância sazonal de *H. armigera* no algodão em Punjab (Índia). Segundo eles, o primeiro ataque desta praga foi observado em julho, com uma população larvar máxima em setembro e outubro.

Islam *et al.* (1983) referiram que *a H. armigera* era abundante durante abril e maio no Bangladesh, a praga era ativa durante a fase vegetativa, mas era maior durante a fase de formação das vagens do grão-de-bico na zona de Deli (Metho e Singh, 1983).

Em Uttar Pradesh, observou-se que a população larvar de *H. armigera* no tomateiro era baixa até à primeira semana de fevereiro, atingindo um pico na última semana de março (Parihar e Singh, 1986).

Yadav *et al.* (1986) referiram que a atividade de *H. armigera* no centro de Gujarat começava com o início da monção na luzerna, passando depois para o tomate e o grão-de-bico e regressando de novo à luzerna em abril, com um pico de infestação entre dezembro e fevereiro. Além disso, referiram que a atividade da praga diminuía à medida que o verão avançava, tornando-se quase inativa em maio.

De acordo com Bapodra (1988), *a H. armigera* esteve ativa de novembro a fevereiro no grão-de-bico em Saurashtra. Um estudo sobre a abundância sazonal de *H. armigera* foi efectuado por Khaire *et al.* (1989) em culturas de soca e de grão-de-bico, tendo referido que a praga estava ativa na cultura de soca durante o mês de agosto e depois passou para a cultura de grão-de-bico, onde continuou até à terceira semana de outubro.

Singh *et al.* (1990) referiram que a população larvar de *H. armigera* era máxima durante o início de abril no grão-de-bico em Punjab (Índia). Por outro lado, Khurana (1997) observou a incidência desta praga no grão-de-bico e referiu que era mais elevada em novembro e dezembro, mas que diminuía durante o inverno (janeiro e fevereiro) e que as populações ultrapassavam o limiar económico (1 larva /m de comprimento de linha) na primeira semana de março em Sirsa, Haryana, Índia.

Patel e Koshiya (1999) estudaram a abundância sazonal de *H. armigera* no padrão de cultivo de Saurashtra e relataram que a praga iniciou a sua atividade no amendoim durante o verão e depois passou para o algodão, o girassol e o milheto durante a *kharif.* Durante o inverno, passou para o feijão bóer e, mais tarde, para o grão-de-bico.

2.3 Controlo de *H. armigera* na produção de sementes de luzerna

Vários trabalhadores contribuíram com informações valiosas sobre o controlo químico da broca das vagens, *H. armigera*, que infesta várias culturas económicas. No entanto, as informações sobre a bioeficácia de vários insecticidas contra esta praga e o seu impacto no rendimento das sementes de luzerna são muito escassas. Por isso, a informação sobre a bioeficácia de diferentes insecticidas em várias culturas hospedeiras que não a luzerna é também revista e apresentada aqui.

A bioeficácia comparativa de diferentes insecticidas contra larvas *de H. armigera* foi estudada por Agrawal *et al.* (1977) em grão-de-bico. Segundo esses autores, as pulverizações com clorpirifos, 1 litro por hectare, e endossulfão, 1,4 litro por hectare, aplicadas no momento do aparecimento da praga, foram as mais eficazes. Resultados semelhantes foram também registados por Bishop e Holtkamp (1980).

Chaudhary *et al.* (1980) avaliaram a pulverização de 7 insecticidas na fase de formação de vagens do grão-de-bico. Verificaram que uma pulverização de 0,07 por cento de endosulfan se revelou significativamente superior no controlo de *H. armigera.* O rendimento das variedades L-144 e G-130 aumentou em 105,3 e 155,5 por cento.

Mishra e Saxena (1981) referiram que duas aplicações de endosulfan a 0,07 por cento e quinalfos a 0,05 por cento se revelaram eficazes na redução dos danos causados às vagens de grão-de-bico. Entre os vários tratamentos, o endosulfan foi o melhor.

Foi relatado que a suspensão bruta pulverizável de um NPV indígena de *H. armigera* @ 100 LU em 350 a 400 litros por acre por semana controlou eficazmente a praga no grão-de-bico (Anónimo, 1982).

Santharam e Balasubramanian (1982) estudaram a eficácia do NPV contra *H. armigera* em grão-de-bico e relataram que três pulverizações de NPV sozinho @ 375 LE por hectare deram o menor percentual de danos às vagens (7,28) e o maior rendimento de grãos (1.488 kg/15 m^2).

O endossulfão provou ser eficaz quando utilizado para o controlo de *Heliothis maritime* Graslin (Syn. *Chloridea maritima*) que infestava a luzerna cultivada para a produção de sementes na Bulgária (Dochkova *et al.*, 1982).

Mistry *et al.* (1984) estudaram a eficácia de um VLP indígena contra esta praga no tomate e no grão-de-bico em Gujarat e referiram que cinco pulverizações do vírus a 250 LE por hectare e por semana permitiram um controlo satisfatório da praga e resultaram num rendimento de grão mais elevado de 28 a 47% no grão-de-bico.

Chari *et al.* (1985) referiram que o quinalfos 25 EC @ 1000 ml/ha proporcionou um controlo completo de *H. armigera* no grão-de-bico após 7 dias de tratamento. Bhalani e Kotadia (1986) estudaram a eficácia da deltametrina, do fenvalerato, da cipermetrina e do endossulfão contra a *H. armigera* no grão-de-bico e referiram que todos os piretróides, exceto o fenvalerato a 0,01 por cento, foram significativamente superiores na redução da incidência.

A cipermetrina 0,004 por cento e o endosulfan 0,07 por cento foram os tratamentos mais eficazes na redução da incidência de *H. armigera* infestando a grama verde (*Vigna radiata)* em Gujarat, Índia (Bhalani e Parsana, 1986).

Foram testados onze insecticidas contra *H. armigera* no grão-de-bico em Madhya Pradesh, na Índia. Entre os piretróides, a cipermetrina foi o tratamento mais eficaz, enquanto a relação custo/benefício mais elevada (1:5,15) foi obtida com o endossulfan (Parsai *et al.*, 1989).

Rabindra *et al.* (1991), em Coimbatore, Tamil Nadu, referiram que a aplicação de HaNPV @ 250 LE/ha em grão-de-bico deu um rendimento superior ao endossulfão 0,07 %.

Butani e Mittal (1993) avaliaram a eficácia da suspensão de grãos de sementes de nim e de certos insecticidas convencionais contra *H. armigera* no grão-de-bico em Gujarat, e referiram que todos os insecticidas se revelaram significativamente eficazes na redução da população da praga, enquanto o malatião, o DDT e a suspensão de grãos de sementes de nim foram considerados igualmente eficazes.

Sachan e Lal (1993) avaliaram o extrato de semente de neem, extrato de folha de neem, óleo de neem, fenvalerate, endosulfan e quinalphos contra *H. armigera*. Todos os tratamentos reduziram as populações da praga; contudo, o endosulfan 0,07 por cento foi o tratamento mais eficaz.

Mehta *et al.* (1994) em Anand, Gujarat, relataram um controlo eficaz de *H. armigera* no tomate com margoside 0,1 por cento e suspensão de sementes de neem 5 por cento.

De acordo com Sarode *et al.* (1995), duas aplicações de 5 por cento de NSKE, a primeira a 50 por cento da floração e a segunda 15 dias mais tarde, em ervilha-de-angola resultaram nos menores danos nas vagens e no maior rendimento de sementes de grão-de-bico (0,95 t/ha) em Akola, Maharashtra.

Pal *et al.* (1996) testaram diferentes produtos combinados de insecticidas contra *H. armigera* e mostraram que o Spark (deltametrina 1% + triazofos 35%), Polytrin-C (cipermetrina 4% + profenofos 40%), cipermetrina, Delfin WG ou cipermetrina + Delfin WG foram os tratamentos mais eficazes.

Três aplicações de NSKE e HaNPV a 6 % e 400 LE/ha foram os tratamentos mais eficazes no algodão em intervalos de 15 dias a partir da fase de formação de quadrado, que mostrou infestação mínima (Sarode *et al.*, 1996).

Ganguli *et al.* (1997), em Raipur, Madhya Pradesh, registaram uma proteção máxima dos frutos maduros contra *H. armigera* que infestava o tomate e obtiveram um rendimento mais elevado quando a cultura foi tratada com HaNPV @ 250 LE/ha e endosulfan 0,07 por cento, enquanto que o inseticida químico foi considerado superior em comparação com o HaNPV @ 250 LE/ha na cultura do tomate (Pokharkar e Chaudhary 1997).

Ujagir *et al.* (1997) estudaram a eficácia de profenofos (2 litros/ha), endossulfão (1 litro/ha), HaNPV (500 LE), HaNPV + endossulfão, nimbecidina 0,03% e Polytrin-C (1 lit/ha) contra *H. armigera* em grão-de-bico em Uttar Pradesh, Índia, e relataram que todos os tratamentos, exceto a nimbecidina, resultaram num aumento do rendimento dos grãos.

Kulat *et al.* (1999) avaliaram biopesticidas e extrato de sementes de nim juntamente com insecticidas convencionais para o controlo da broca da vagem, *H. armigera*, no grão-de-bico e referiram que o endosulfan 0,07 % registou uma população larvar mínima com um rendimento significativamente mais elevado.

De acordo com Than *et al.* (2000), o clorpirifos @ 1,00 l/ha foi superior no controlo da população larvar de *H. armigera* e reduziu os danos nas vagens, seguido de Spicturin @ 2,00, 1,50 e 1,00 l/ha cada, combinado com HaNPV três e sete dias após cada pulverização em grão-de-bico em Kurumpapalayam e Saravanampatti em Coimbatore.

Yadav *et al.* (2000) estudaram a bioeficácia de diferentes insecticidas para a ervilha (*Pisum sativum* L.) e referiram que a cipermetrina 0,006% era mais eficaz do que o clorpirifos 0,05% após sete dias de pulverização, enquanto que após catorze dias de pulverização, todos os insecticidas convencionais eram superiores a todos os outros piretróides sintéticos e ao neem 0,05%.

Foi relatado que *a H. armigera* foi eficazmente controlada por NSKS durante o período de crescimento da cultura e também o tratamento mais económico (1:3.18) em feijão-urd (*Vigna mungo cv.* RU-9401) em Raipur, Madhya Pradesh (Chandrakar e Shrivastava, 2001).

Dahiya e Chauhan (2001) registaram uma eficácia igual de HaNPV @ 250 LE/ha e endosulfan 0,07 % contra *H. armigera* em grão-de-bico em Hisar, Haryana.

Capítulo - III

Materiais e métodos

O presente estudo foi efectuado no Departamento de Entomologia, Faculdade de Agricultura Bansilal Amritlal e Estação Principal de Investigação de Forragens, Universidade Agrícola de Gujarat, Campus de Anand, Anand, durante o ano de 2001 a 2003. Neste capítulo, descrevem-se as metodologias para os seguintes aspectos:

(1) Tabelas de fecundidade vital (para fêmeas) em vagem de luzerna, vagem de grão-de-bico e sorgo

(2) Abundância sazonal de *H. armigera* na cultura da luzerna.

(3) Avaliação de insecticidas contra *H. armigera* em luzerna cultivada para semente produção.

3.1 Tabelas de Fecundidade de Vida

Para construir a tabela de vida, a cultura de *H. armigera* foi mantida em vagens de grão-de-bico e luzerna, bem como na espiga de sorgo, durante duas gerações consecutivas a uma temperatura constante (26 ± 1 °C), utilizando uma incubadora B.O.D. Os adultos obtidos a partir da cultura laboratorial foram utilizados para estudos posteriores. Os pares de traças macho e fêmea foram mantidos para a postura dos ovos em gaiolas de madeira com 30 × 30 × 45 cm. Os lados da gaiola foram cobertos com um pano de musselina. Os ovos postos nas respectivas culturas hospedeiras foram utilizados para este estudo. Para construir a tabela de vida, 100 ovos acabados de pôr foram recolhidos da gaiola com a ajuda de uma escova húmida de pelo de camelo e colocados em dez recipientes de plástico (5,0 cm de diâmetro × 5,5 cm de altura) em lotes de 10 cada. Os ovos foram colados em lâminas numa fila para facilitar a observação da eclosão. Após a eclosão, as larvas foram transferidas individualmente para frascos de plástico contendo alimentos. A comida fresca foi fornecida diariamente de manhã. As observações sobre a eclosão, o desenvolvimento larvar, a formação de pupas, a emergência bem sucedida de adultos e a fecundidade da fêmea foram registadas diariamente. A mortalidade específica por idade em diferentes fases de desenvolvimento, como ovos, larvas, pupas e adultos, também foi registada. Para determinar a fecundidade específica da idade, o número total de adultos que emergiram no mesmo dia foi colocado numa gaiola para oviposição. Galhos saudáveis e frescos com vagens de grão-de-bico e luzerna, bem como cabeças de espiga de sorgo, foram fixados em frascos cónicos contendo água fresca e mantidos nas gaiolas para oviposição. Os galhos foram substituídos diariamente e o número de ovos postos nos dias seguintes nos galhos e no tecido de musselina foi registado. As observações sobre a fecundidade foram efectuadas até à morte das fêmeas. Como a proporção entre os sexos era de 1:1 (com base em 1575 adultos), o número de ovos obtidos por fêmea foi dividido por dois para obter o número de nascimentos de fêmeas (mx).

Os títulos das colunas para a construção das tabelas de fecundidade vital propostas por Howe (1953) e Atwal e Bains (1974) foram utilizados no presente estudo. Os títulos das colunas são os seguintes: x = Idade pivotal em dias lx = Sobrevivência da fêmea à idade 'x' mx = Idade prevista para o nascimento de fêmeas à idade 'x'

3.1.1 Taxa líquida de reprodução (Ro)

Os valores de 'x', 'lx' e 'mx' foram calculados a partir dos dados fornecidos nas tabelas de vida. A soma total dos produtos "lxmx" é a taxa líquida de reprodução (Ro) (Lotka, 1925). A "Ro" é a taxa de multiplicação da população numa geração, medida em termos de fêmeas produzidas por geração. O número de vezes que uma população se multiplicaria por geração foi calculado utilizando a seguinte fórmula:

$$Ro = \sum lx\ mx$$

3.1.2 Duração média da geração (Tc)

O valor aproximado do tempo de geração (Tc) (a idade média das mães de uma coorte no momento do nascimento da descendência feminina) foi calculado com a ajuda da seguinte fórmula:

$$Tc = \frac{\sum xlxmx}{Ro}$$

3.1.3 Capacidade inata para aumentar o número de pessoas (rm)

O número total de indivíduos sobreviventes e o número médio de nascimentos de descendentes do sexo feminino foram registados em cada intervalo de idade. A partir destes dados, o valor arbitrário de 'rm (rc)' foi derivado utilizando a seguinte fórmula:

$$rm = \frac{loge^{Ro}}{Tc}$$

Onde, e = 2,71828 Tc = Tempo médio de geração

A taxa intrínseca de aumento (rm) foi subsequentemente calculada a partir da "rm" arbitrária, tomando dois valores experimentais; arbitrariamente selecionados de cada lado, diferindo na segunda casa decimal, estabelecendo a seguinte relação (Atwal e Bains, 1974).

$$\sum e^{7-rmx} . lxmx = e^{7} = 1097.00$$

Onde,

e = 2.71828

Estes quadros foram construídos separadamente para cada hospedeiro com a ajuda de x e lxmx para cada ensaio de "rm". Os valores de e^{7-rmx}. lxmx obtidos arbitrariamente por "rm" deram origem a uma reta. A reta foi intersectada por uma linha vertical traçada a partir do valor descrito de e^{7} = 1097,00. Os pontos de intersecção deram um valor de "rm" verdadeiro com uma precisão de quatro casas decimais. O tempo exato de geração (T) foi então calculado utilizando a seguinte fórmula:

$$T = \frac{loge^{Ro}}{Rm}$$

3.1.4 A taxa finita de crescimento natural (λ)

O número de fêmeas por fêmea por dia, *ou seja,* a taxa finita de aumento, foi determinado como

$$\lambda = \text{anti log } e^{rm}$$

A partir destes dados, calculou-se a multiplicação semanal da população. As fêmeas F2 hipotéticas foram também calculadas com a fórmula $(Ro)^2$.

3.1.5 Distribuição etária estável

A distribuição etária estável (distribuição percentual de vários grupos etários) de *H. armigera* em diferentes hospedeiros foi calculada com base no conhecimento de "rm" e na mortalidade específica por idade dos estádios imaturo e maduro. A tabela de distribuição etária estável foi construída de acordo com o método de Andrewartha e Birch (1954) e Atwal e Bains (1974). O "Lx" (distribuição etária da tabela de vida) foi calculado a partir da tabela "lx" utilizando a seguinte fórmula

$$Lx = \frac{lx + (lx + 1)}{2}$$

A distribuição percentual de cada grupo etário (x) foi calculada multiplicando Lx por $e^{-rm(x+1)}$. Ao juntar a percentagem em cada fase, *nomeadamente* nas fases de ovo, larva, pupa e adulto, foi calculada a distribuição percentual esperada.

3.1.6 Tabela de vida para calcular a esperança de vida da *H. armigera*

A esperança de vida em diferentes hospedeiros foi calculada utilizando as colunas x, lx, dx, 100qx, Lx, Tx e ex.

Onde, X = Idade pivotal (dias)

Lx = Número de sobreviventes no início do intervalo de idade em 100.

dx = Número de mortes durante x

$$100\,1x = \frac{dx \,.\, 100}{lx},$$ taxa de mortalidade por cem vivos no início do intervalo de idade.

$$Lx = \frac{lx + (lx + 1)}{2}$$ Vivo entre x e x+1

$$ex = \frac{Tx}{lx} . 2 ,$$

Tx= Número de dias de vida do indivíduo para além de x ; , Expectativa de vida futura. lx

3.2 Abundância sazonal

O estudo da abundância sazonal foi efectuado na variedade de luzerna Anand-2 na Estação Principal de Investigação de Forragens, Universidade Agrícola de Gujarat, Campus de Anand, Anand, durante o ano de 2002 a 2003. As observações sobre as populações de larvas *de H. armigera* foram registadas em 20 quadrículas diferentes, cada uma com uma área de um metro quadrado, selecionadas aleatoriamente. As plantas de cada quadrado foram examinadas minuciosamente e as populações absolutas de larvas foram registadas a intervalos semanais. A observação foi continuada até à colheita da cultura.

3.3 Controlo de *H. armigera* na produção de sementes de luzerna

Com vista a testar a eficácia de diferentes insecticidas contra *H. armigera* em luzerna cultivada para produção de sementes, foi realizada uma experiência de campo na Forage Research Farm, Universidade Agrícola de Gujarat, Campus de Anand, Anand, durante a época de rabi-verão do ano 2002-2003. Os pormenores dos tratamentos insecticidas são apresentados no quadro 1. Foram experimentados dez tratamentos, incluindo o controlo, num esquema de blocos aleatórios com três repetições. A variedade de luzerna Anand-2 foi semeada a 25 cm entre duas fileiras, com tamanho bruto e líquido da parcela de 4,5×3,5 m e 4×3 m, respetivamente. Todas as práticas agronómicas recomendadas foram seguidas para o cultivo da cultura. Os tratamentos insecticidas foram efectuados duas vezes, a primeira a 50 % da floração e a segunda a 50 % da vagem. Os tratamentos insecticidas foram aplicados com a ajuda de um pulverizador de dorso e a quantidade de solução de pulverização utilizada foi de 750 litros por hectare. As observações sobre o número de larvas foram registadas numa área de um metro quadrado em cada parcela antes de 24 horas e 1, 3, 5 e 7 dias após cada pulverização. Os dados sobre o número de larvas foram submetidos a uma análise estatística após a transformação da raiz quadrada. A produção de sementes de cada parcela tratada também foi registada separadamente e submetida a análise estatística. A economia e a eficácia dos tratamentos foram calculadas.

Quadro 1: Pormenores dos insecticidas utilizados para verificar a sua eficácia contra a infestação por *H. armigera*

luzerna cultivada para produção de sementes

Sr. Não.	Nome comum	Nome comercial	Formulação	Dose	Agência de fabrico
1.	Endosulfan	Thiodan	35 CE	0.07 %	Hoechst (Índia) Ltd., Bombaim
2.	Cipermetrina	Cabo de aço	10 CE	0.01 %	M/s. Novartis India Ltd., Mumbai
3.	Clorpirifos	Durmet	20 CE	0.05 %	BASF India Ltd., Mumbai
4.	Profenofos + Cipermetrina	Politrina C	44 CE	0.044 %	M/s. Novartis India Ltd., Mumbai
5.	Quinalfos	Ekalux	25 CE	0.05 %	Sandoz (Índia) Ltd., Bombaim
6.	Profenofos	Curacon	50 CE	0.05 %	Hindustan Ciba-Geigy Ltd., Bombaim
7.	HaNPV	Virin-H	-	250 CN/ha	Agriland Biotech Ltd., Baroda (Guj.)
8.	Suspensão NSKE	Laboratório preparado	-	5 %	-
9.	Azadiractina	Gronim	1 CE	0.0005 %	National Tree Growers Co-operative Federation Ltd., Anand (Guj.)
10.	Controlo	-	-	-	-

Capítulo - IV

Resultados e discussão:

As presentes investigações sobre diferentes aspectos de *Helicoverpa* (=*Heliothis*) *armigera* (Hubner) Hardwick foram efectuadas em condições laboratoriais ou de campo durante o ano 2001-2003 no Departamento de Entomologia, B. A. College of Agriculture, Gujarat Agricultural University, Anand Campus, Anand e Main Forage Research Station, Gujarat Agricultural University, Anand Campus, Anand. Os resultados obtidos são apresentados sob os seguintes títulos:

4.1 Tabelas de fecundidade vitalícia da luzerna, do grão-de-bico e do sorgo

4.2 Abundância sazonal de *H. armigera* na luzerna

4.3 Controlo químico em condições de campo

4.4 Tabelas de fecundidade vitalícia em diferentes culturas hospedeiras

As tabelas de vida são as técnicas mais úteis para efetuar uma avaliação quantitativa e qualitativa de diferentes culturas hospedeiras. As tabelas de vida são analisadas para determinar qual a fase que mais contribui para o ciclo de vida da praga. As tabelas de vida desenvolvidas por Birch (1948) podem ser utilizadas com sucesso para determinar as estatísticas de crescimento e posteriormente aplicadas para estimar o aumento potencial de insectos criados em diferentes hospedeiros. Nas presentes investigações, a taxa de aumento de *H. armigera* em três hospedeiros diferentes foi calculada adoptando o método descrito por Birch (1948) e Atwal e Bains (1974). Os resultados obtidos nestes estudos são discutidos à luz da literatura disponível sobre a *H. armigera*.

Os estudos sobre a tabela de vida e a distribuição específica por idade de *H. armigera* em luzerna, grão-de-bico e sorgo foram efectuados a uma temperatura constante de 26 ± 1 °C. Os resultados obtidos são apresentados nos parágrafos seguintes.

4.1.1 Lucerna

Foi feita uma tentativa de calcular o número de indivíduos que sobreviveram durante o seu desenvolvimento na luzerna. O resultado (Quadro 2) indica que não houve mortalidade durante a fase de ovo. O número de indivíduos que sobreviveram desde o ovo até à emergência do adulto foi de 77. A duração máxima do ovo, da larva e da pupa foi registada em 3, 17 e 15 dias, respetivamente.

Foi construída uma tabela de fecundidade vitalícia para a fêmea, a fim de determinar a sobrevivência da fêmea em diferentes intervalos de idade (lx) e a fecundidade específica da idade (mx). Uma leitura atenta dos dados (Quadro 3 e Fig.1) indicou que o período de pré-oviposição variou entre o 36.º e o 38.º dia da idade pivotal. As fêmeas começaram a pôr ovos após o 38.º dia e continuaram até ao 47.º dia, com valores de 'lx' de 0,77 e 0,41, respetivamente. Além disso, observou-se que o 'lx' diminuiu gradualmente após o 42.º dia de idade pivotal. A fêmea contribuiu com o maior número de descendentes (mx= 45,75) no ciclo de vida no 42.º dia da idade pivotal.

O potencial reprodutivo líquido (R_o) foi calculado em 193,73 com uma duração média de geração (T_c) de 42,25 dias (quadro 4). A taxa intrínseca de aumento natural do número (rm) foi calculada em 0,1281 fêmeas por fêmea por dia, com uma taxa finita diária de aumento (λ) de 1,137 fêmeas por fêmea por dia. Assim, a população seria capaz de se multiplicar 2,7342 vezes por semana. As hipotéticas fêmeas F2 foram calculadas em 37.531,31.

No presente estudo, foi também calculada a contribuição de cada fase de desenvolvimento para a distribuição etária estável (quadro 5). Os dados mostraram que os adultos contribuíram com 0,57% para a população de idade estável e que a contribuição dos ovos, larvas e pupas foi de 41,33, 52,95 e 5,14%, respetivamente.

Quadro 2: Sobrevivência de diferentes estádios de *H. armigera* durante o seu desenvolvimento na luzerna

N.º de ovos	Números sobreviventes		
	Fase de ovo (0 a 3 dias)	Fase larvar (4 a 20 dias)	Fase de pupa (21 a 35 dias)
10	10	8	8
10	10	9	8
10	10	9	8
10	10	8	7
10	10	9	8
10	10	9	7
10	10	9	8
10	10	8	7
10	10	9	8
10	10	9	8
100	100	87	77

Quadro 3: Tabela de vida e fecundidade específica por idade de *H. armigera* em luzerna

Idade de referência em dias x	Sobrevivência das fêmeas em diferentes intervalos de idade lx	Calendário de idades para o parto feminino mx	lxmx	xlxmx
0-35	0.77	-	-	Imaturo
36	0.77	-	0.77	27.72
37	0.77	-	0.77	28.49
38	0.77	-	0.77	29.26
39	0.77	18.10	13.94	543.66
40	0.77	36.43	28.05	1122.00
41	0.77	43.89	33.80	1385.80
42	0.77	45.75	35.23	1479.66
43	0.71	41.22	29.27	1258.61
44	0.54	34.17	18.45	811.80
45	0.45	30.69	13.81	621.45
46	0.43	25.85	11.12	511.52
47	0.41	18.89	07.75	364.25
48	0.39	0.00	0.00	0.00
	$\sum$ lxmx = 193.73		$\sum$ xlxmx == 8184.22	

Quadro 4: Duração média da geração, capacidade inata de aumento do número e taxa finita de *H. armigera* na luzerna

Sr. No.	Population growth statistics	Formula	Calculated values
1	Net reproductive rate	$Ro = \sum lx\ mx$	193.73
2	Mean length of generation	$Tc = \frac{\sum xlxmx}{Ro}$	42.25 days
3	Innate capacity for increase in numbers	$rm = \frac{loge^{Ro}}{Tc}$	0.1247 Females/female/days
4	Arbitarary 'rm' (rc)	0.12 and 0.13	--
5	Corrected 'rm'	$\sum e^{7-rmx} . lxmx$	0.1281 Females/female/days
6	Corrected generation time	$T = \frac{loge^{Ro}}{rm}$	41.11 days
7	Finite rate of increase in number	$\lambda = \text{anti log } e^{rm}$	1.137 Females/female/days
8	Weekly multiplication of population	$(\lambda)^7$	2.734 Times
9	Hypothetical F_2 females	$(Ro)^2$	37,531.31

Quadro 5: Distribuição específica por idade de *H. armigera* na luzerna (rm = 0,1281)

Pivotal age (days) x	Lx	$e^{-rm(x+1)}$	$Lx . e^{-rm(x+1)}$	Per cent contribution
1	2	3	4	5
0	1.00	0.8798	0.8798	12.3952
1	1.00	0.7740	0.7740	10.9046
2	1.00	0.6809	0.6809	09.5930
3	1.00	0.5991	0.5991	**08.4405**
				41.3333
4	1.00	0.5270	0.5217	7.3501
5	1.00	0.4637	0.4591	6.4681
6	0.98	0.4039	0.4038	5.6890
7	0.98	0.3589	0.3553	5.0057
8	0.97	0.3157	0.3094	4.3590
9	0.97	0.2778	0.2722	3.8349
10	0.97	0.2444	0.2371	3.3404

11	0.95	0.2150	0.2086	2.9389
12	0.95	0.1891	0.1834	2.5839
13	0.94	0.1664	0.1581	2.2274
14	0.94	0.1464	0.1376	1.9386
15	0.93	0.1288	0.1159	1.6329
16	0.93	0.1133	0.1020	1.4370
17	0.92	0.0997	0.0887	1.2497
18	0.92	0.0877	0.0781	1.1003
19	0.92	0.0772	0.0679	0.9566
20	0.90	0.0679	0.0591	**0.8326**
				52.9451
21	0.90	0.0597	0.0519	0.7312
22	0.90	0.0525	0.0457	0.6439
23	0.90	0.0462	0.0402	0.5664
24	0.90	0.0407	0.0354	0.4987
25	0.90	0.0358	0.0311	0.4382
26	0.90	0.0315	0.0274	0.3860
27	0.90	0.0277	0.0241	0.3395
28	0.90	0.0244	0.0212	0.2987
29	0.90	0.0214	0.0186	0.2620
30	0.90	0.0189	0.0164	0.2311
31	0.89	0.0166	0.0144	0.2029
32	0.89	0.0146	0.0127	0.1789
33	0.89	0.0128	0.0106	0.1493
34	0.89	0.0113	0.0090	0.1268
35	0.86	0.0099	0.0076	**0.1071**
				5.1427
36	0.77	0.0087	0.0067	0.0944
37	0.77	0.0076	0.0059	0.0831
38	0.77	0.0067	0.0052	0.0733
39	0.77	0.0059	0.0045	0.0634
40	0.77	0.0052	0.0040	0.0564
41	0.77	0.0046	0.0035	0.0493
42	0.77	0.0040	0.0028	0.0394
43	0.71	0.0035	0.0023	0.0324
44	0.54	0.0031	0.0017	0.0240
45	0.45	0.0027	0.0012	0.0169
46	0.43	0.0024	0.0011	0.0155
47	0.41	0.0021	0.0009	0.0127
48	0.39	0.0018	0.0007	**0.0099**
				0.5707

Os dados relativos à esperança de vida (Quadro 6) indicam claramente que a esperança de vida da *H. armigera* diminui gradualmente com o avanço do desenvolvimento. A esperança de vida dos ovos recentemente depositados era de apenas 16,32 dias. A esperança de vida posterior era de 5,16 dias aquando da emergência do adulto.

Foram efectuados estudos semelhantes sobre a tabela de vida da *H. armigera* na luzerna e verificou-se que a taxa líquida de reprodução foi de 185,69, enquanto a duração média da geração foi de 46,12 dias. A capacidade inata de aumento do número e a taxa finita de aumento foram de 0,1132 e 1,12 fêmeas por fêmea por dia (Bilapate *et al.* 1977). Um estudo efectuado por Patel e Koshiya (1998) revelou que a taxa líquida de reprodução foi de 206,35, enquanto a população aumentou com uma taxa infinitesimal (rm) de 0,1272 e uma taxa finita (λ) de 1,136 fêmeas por fêmea por dia. O tempo médio de geração (Tc) foi de 42,34 dias. Estas observações são mais ou menos semelhantes aos resultados actuais.

4.1.2 Grão-de-bico

Os resultados sobre a sobrevivência de diferentes fases de vida de *H. armigera* em grão-de-bico estão resumidos no Quadro 7.

A duração máxima do ovo, da larva e da pupa foi de 3, 17 e 16 dias, respetivamente. Registou-se uma mortalidade de 10% na fase de ovo, enquanto a mortalidade durante as fases de larva e pupa foi de 10% e 8,64%, respetivamente. Bilapate *et al.* (1981) e Raghuwanshi e Vaishampayan (1992) registaram um valor de sobrevivência de 84% e 80%, respetivamente, em grão-de-bico, o que está de acordo com a presente constatação. É evidente a partir dos dados (Quadro 8) que a primeira mortalidade de fêmeas ocorreu no $^{12°}$ dia após a emergência, tendo aumentado nos dias seguintes. A taxa líquida de reprodução (Ro), que indica o total de nascimentos de fêmeas por geração, foi registada em 361,84. Bilapate *et al.* (1981) e Ragh uwanshi e Vaishampayan (1992) registaram que

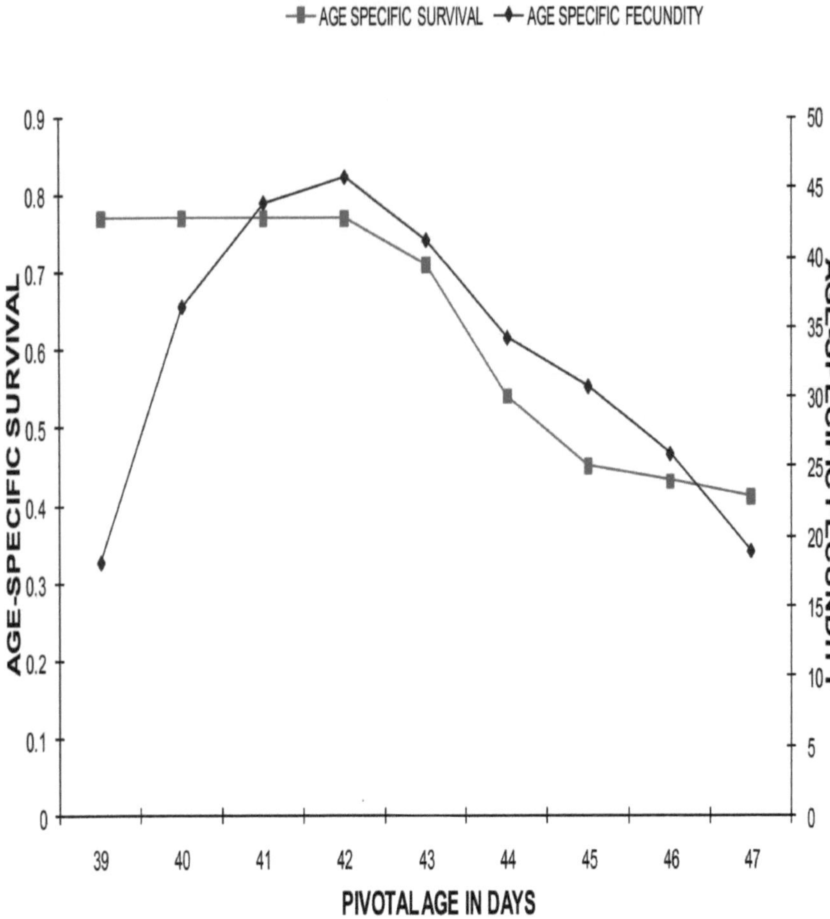

Fig. 1 : Age-specific survival and fecundity of *H. armigera* on lucerne

Quadro 6: Tabela de vida para calcular a esperança de vida de *H. armigera* criada em luzerna

Pivotal age (days) (x)	Numbers surviving to the beginning of age interval (lx)	Number dying during x (dx)	Mortality rate per hundred alive at beginning of age interval (dx . 100) / lx (100 qx)	Alive between age x and x+1 lx + (lx + 1) / 2 (Lx)	Numbers of the individual's life days beyond x (Tx)	Expectation of further life Tx / lx x 2 (ex)
0-5	100	1	1.00	99.5	816.00	16.32
5-10	99	2	2.02	98	716.50	14.47
10-15	97	7	7.22	93.5	618.50	12.75
15-20	90	3	3.33	88.5	525.00	11.67
20-25	87	0	0.00	87	436.50	10.03
25-30	87	0	0.00	87	349.50	8.03
30-35	87	0	0.00	82	262.50	6.03
35-40	77	10	12.99	77	180.50	4.69
40-45	77	32	41.56	61	103.50	2.69
45-50	45	05	11.11	42.50	42.50	1.89

Quadro 7: Sobrevivência de diferentes fases de *H. armigera* durante o desenvolvimento em grão-de-bico

N.º de ovos	Números sobreviventes		
	Fase de ovo (0 a 3 dias)	Fase larvar (4 a 20 dias)	Fase de pupa (21 a 36 dias)
10	9	8	7
10	10	9	8
10	9	8	8
10	10	9	8
10	9	9	8
10	9	7	7
10	8	7	7
10	9	8	7
10	8	8	7
10	9	8	7
100	90	81	74

A taxa líquida de reprodução foi de 600,98 e 284,45, respetivamente, no grão-de-bico. No entanto, o valor atual da taxa líquida de reprodução foi de 361,84. Isto pode dever-se a taxas de natalidade mais elevadas no seu estudo, porque a taxa líquida de reprodução é o produto da taxa de sobrevivência e das taxas de natalidade. O período de oviposição durou 9 dias e atingiu um pico (mx = 98,00 fêmeas por fêmea por dia) no 46° dia da idade pivotal e depois diminuiu lentamente (Fig. 2).

Os dados da Tabela 9 indicam que o tempo médio necessário para completar a geração (T) foi de 43,19 dias. A capacidade inata (rm) e a taxa finita (λ) de aumento do número foram calculadas em 0,1364 e 1,146 fêmeas por fêmea por dia, respetivamente. A esta taxa, a população de *H. armigera* era capaz de se multiplicar 2,5966 vezes por semana, sob as condições dadas. As hipotéticas fêmeas F2 foram calculadas em 1.30928,19. Estes resultados estão em conformidade com os resultados de Raghuwanshi e Vaishampayan (1992). Estes autores observaram que o tempo médio necessário para completar uma geração era de 43,87 e que a capacidade inata (rm) e a taxa finita (λ) para o aumento do número de indivíduos eram de 0,1288 e 1,1375 no grão-de-bico, respetivamente. A população de *H. armigera* foi capaz de se multiplicar 2,4635 vezes por semana e a população hipotética de fêmeas na geração F2 foi de 80911,80.

A distribuição etária estável de *H. armigera* foi calculada observando o calendário etário da taxa de natalidade e da taxa de mortalidade (mx e lx). Os resultados (quadro 10) revelaram que os adultos contribuíram apenas com 0,43% para a população em idade estável, enquanto os ovos, as larvas e as pupas contribuíram com 45,36%, 49,82% e 4,42%, respetivamente. Os resultados do presente estudo também estão em consonância com os resultados de Bilapate et al. (1981) e Raghuwanshi e Vaishampayan (1992).

Tentou-se calcular a esperança de vida da *H. armigera* no grão-de-bico. Os resultados (quadro 11) indicam que a esperança de vida dos ovos recentemente depositados é de apenas 15,84 dias. A taxa de mortalidade foi comparativamente elevada na idade de 0 a 5 dias, quando a expetativa de vida adicional era de 15,84 dias.

Quadro 8: Tabela de vida (para fêmeas) e fecundidade específica por idade para *H. armigera* **em grão-de-bico**

Idade de referência em dias x	**Sobrevivência das fêmeas em diferentes intervalos de idade lx**	**Calendário de idades para o parto feminino mx**	**lxmx**	**xlxmx**
0-36	0.74	-	-	-
37	0.74	-	0.74	27.38
38	0.74	-	0.74	28.12
39	0.74	-	0.74	28.86
40	0.74	-	0.74	29.60
41	0.74	15.05	11.14	456.74
42	0.74	38.37	28.39	1192.38
43	0.74	45.09	33.37	1434.91
44	0.74	62.40	46.18	2031.92
45	0.74	91.00	67.34	3030.30
46	0.74	98.00	72.52	3335.92
47	0.74	65.24	48.28	2269.16
48	0.62	42.90	26.60	1276.80
49	0.40	18.50	18.90	926.10
50	0.38	16.20	06.16	308.00
		∑ lxmx =	361.84	∑ xlxmx = 16.376,19

Quadro 9: Duração média da geração, capacidade inata de aumento do número e taxa finita de *H. armigera* no grão-de-bico

Sr. No.	Population growth statistics	Formula	Calculated values
1	Net reproductive rate	$Ro = \sum lx\ mx$	361.84
2	Mean length of generation	$Tc = \frac{\sum xlxmx}{Ro}$	45.26 days
3	Innate capacity for increase in numbers	$rm = \frac{\log e^{Ro}}{Tc}$	0.1302 Females/female/days
4	Arbitarary 'rm' (rc)	0.13 and 0.14	--
5	Corrected 'rm'	$\sum e^{7-rmx} . lxmx$	0.1364 Females/female/days
6	Corrected generation time	$T = \frac{\log e^{Ro}}{rm}$	43.19 days
7	Finite rate of increase in number	$\lambda = \text{anti} \log e^{rm}$	1.146 Females/female/days
8	Weekly multiplication of population	$(\lambda)^7$	2.5966 Times
9	Hypothetical F_2 females	$(Ro)^2$	1,30928.186

Quadro 10: Distribuição específica por idade de *H. armigera* em grão-de-bico (rm = 0,1364)

Pivotal age (days) x	Lx	$e^{-rm(x+1)}$	Lx . $e^{-rm(x+1)}$	Per cent contribution
1	**2**	**3**	**4**	**5**
0	1.00	0.8725	0.8725	13.7564
1	1.00	0.7612	0.7612	12.0003
2	1.00	0.6642	0.6642	10.4711
3	1.00	0.5795	0.5795	**9.1358**
				45.3636
4	0.96	0.5056	0.4854	7.6523
5	0.90	0.4411	0.3970	6.2587
6	0.90	0.3849	0.3464	5.4610
7	0.90	0.3358	0.3022	4.7642
8	0.88	0.2930	0.2578	4.0642
9	0.88	0.2556	0.2249	3.5455
10	0.88	0.2230	0.1962	3.0931
11	0.88	0.1946	0.1712	2.6990
12	0.85	0.1698	0.1443	2.2749
13	0.85	0.1481	0.1259	1.9848
14	0.83	0.1293	0.1073	1.6916

15	0.81	0.1128	0.0914	1.4409
16	0.81	0.0984	0.0797	1.2565
17	0.81	0.0858	0.0695	1.0957
18	0.81	0.0749	0.0607	0.9569
19	0.81	0.0653	0.0529	0.8340
20	0.81	0.0570	0.0462	**0.7483**
				49.8216
21	0.81	0.0497	0.0403	0.6353
22	0.81	0.0434	0.0352	0.5549
23	0.81	0.0379	0.0307	0.4840
24	0.81	0.0330	0.0267	0.4209
25	0.81	0.0288	0.0233	0.03673
26	0.81	0.0252	0.0204	0.3216
27	0.81	0.0219	0.0177	0.2790
28	0.81	0.0191	0.0155	0.2444
29	0.81	0.0167	0.0135	0.2128
30	0.81	0.0146	0.0118	0.1860
31	0.81	0.0127	0.0103	0.1624
32	0.81	0.0111	0.0090	0.1419
33	0.81	0.0097	0.0079	0.1245
34	0.81	0.0084	0.0068	0.1072
35	0.81	0.0074	0.0060	0.0946
36	0.81	0.0064	0.0052	**0.0820**
				4.4188
37	0.77	0.0056	0.0043	0.0678
38	0.74	0.0049	0.0036	0.0568
39	0.74	0.0043	0.0032	0.0504
40	0.74	0.0037	0.0027	0.0426
41	0.74	0.0033	0.0024	0.0378
42	0.74	0.0028	0.0021	0.0331
43	0.74	0.0025	0.0019	0.0300
44	0.74	0.0022	0.0016	0.0252
45	0.74	0.0019	0.0014	0.0221
46	0.74	0.0016	0.0012	0.0189
47	0.70	0.0014	0.0010	0.0158
48	0.65	0.0013	0.0008	0.0126
49	0.44	0.0011	0.0005	0.0079
50	0.40	0.0009	0.0004	**0.0063**
				0.4273

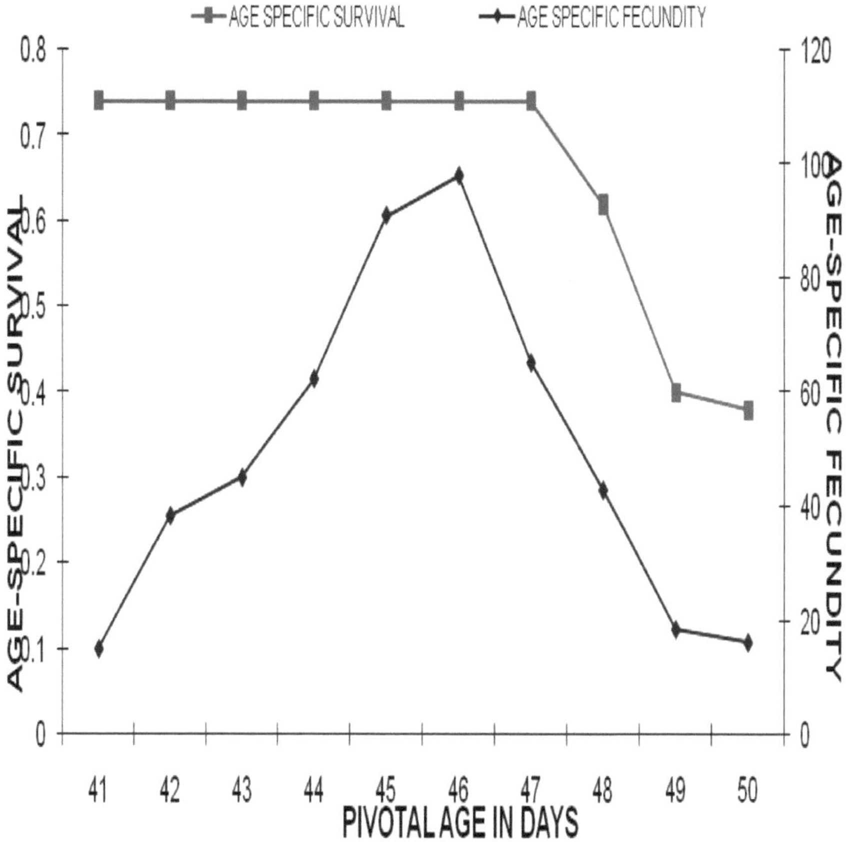

Fig. 2 : Age-specific survival and fecundity of *H. armigera* on chickpea

Quadro 11 : Tabela de vida para calcular a esperança de vida de *H. armigera* criada em grão-de-bico

Pivotal age (days) (x)	Numbers surviving to the beginning of age interval (lx)	Number dying during x (dx)	Mortality rate per hundred alive at beginning of age interval (dx . 100) / lx (100 qx)	Alive between age x and x+1 lx + (lx + 1) / 2 (Lx)	Numbers of the individual's life days beyond x (Tx)	Expectation of further life Tx / lx x 2 (ex)
0-5	100	10	1.00	95	792	15.84
5-10	90	02	2.22	89	697	15.49
10-15	88	07	7.95	84.50	608	13.82
15-20	81	0	0.00	81	523.50	12.93
20-25	81	0	0.00	81	442.50	10.93
25-30	81	0	0.00	81	361.50	8.93
30-35	81	0	0.00	81	280.50	6.926
35-40	81	07	8.64	77.50	199.50	4.926
40-45	74	09	12.16	69.50	122.00	3.297
45-50	65	25	38.46	52.50	52.50	1.615

4.1.3 Sorgo

Os dados que mostram a sobrevivência de diferentes fases da *H. armigera*, quando foi criada na cabeça da espiga de sorgo, estão resumidos no Quadro 12. Os dados mostram que houve 15% de mortalidade na fase de ovo. O número de indivíduos que sobreviveram desde o ovo até à emergência do adulto foi de 66. A duração máxima do ovo, da larva e da pupa foi de 4, 16 e 16 dias, respetivamente. Dhandapani e Balasubramanian (1979) registaram um valor de sobrevivência de 70% em sorgo, ao passo que Patel e Mittal (1986) e Raghuwanshi e Vaishampayan (1992) observaram um valor de sobrevivência de 67%, o que está de acordo com os presentes resultados.

Table 12 : Sobrevivência de diferentes estádios de *H. armigera* durante o desenvolvimento em sorgo

N.º de ovos	Números sobreviventes		
	Fase de ovo (0 a 4 dias)	Fase larvar (5 a 20 dias)	Fase de pupa (21 a 36 dias)
10	8	7	6
10	7	6	6
10	10	8	7
10	7	7	7
10	9	7	6
10	7	6	6
10	8	7	7
10	9	7	7
10	10	7	7
10	10	8	7
100	85	70	66

Os resultados relativos à tabela de vida das fêmeas e à fecundidade específica por idade no sorgo são apresentados no Quadro 13. Foi revelado que a sobrevivência dos estádios imaturos (lx) do ovo ao adulto foi de 66%. A contribuição máxima (mx= 70,20 nascimentos de fêmeas) no ciclo de vida do sorgo foi dada pela fêmea no $^{45°}$ dia da idade pivotal. Foi registado um valor de 70,80 (mx) no $^{45°}$ dia da idade pivotal, *ou seja*, no $^{10°}$ dia de emergência dos adultos Raghuwanshi e Vaishampayan (1992). A curva da fecundidade pode ser caracterizada por uma subida lenta até um patamar, seguida de um declínio até zero (Raghuwanshi, 1990). Raghuwanshi e Vaishampayan (1992) também observaram resultados semelhantes, nos quais relataram que a sobrevivência das fêmeas diminuiu a partir do $^{11°}$ dia após a emergência no sorgo (lx = 0,63).

Os dados apresentados na Tabela 14 mostraram que a taxa líquida de reprodução (Ro), representando o total de nascimentos de fêmeas, foi de 202,40 no sorgo. Estes resultados estão em conformidade com as conclusões de Dhandapani e Balasubramanian (1979), Patel e Mittal (1986) e Raghuwanshi e Vaishampayan (1992).

O tempo médio necessário para completar uma geração foi de 44,44 dias (quadro 14). Do mesmo modo, a capacidade inata (rm) e a taxa finita (λ) de aumento do número de indivíduos foram de 0,1195 e 1,126. A esta taxa, a população de *H. armigera* era capaz de se multiplicar 2,3083 vezes por semana num dado conjunto de condições. A população hipotética de fêmeas para ambos os hospedeiros na geração F2 foi de 40965,76. Estes resultados são mais ou menos semelhantes aos de Bilapate *et al.*, (1980) e Raghuwanshi e Vaishampayan (1992).

Table 13 : Tabela de vida (para fêmeas) e fecundidade específica por idade para *H. armigera* em sorgo

Idade de referência em dias x	**Sobrevivência das fêmeas em diferentes intervalos de idade lx**	**Calendário de idades para o parto feminino mx**	**lxmx**	**xlxmx**
0-36	0.66	-	-	Imaturo
37	0.66	-	0.66	24.42
38	0.66	-	0.66	25.08
39	0.66	-	0.66	25.74
40	0.66	-	0.66	26.40
41	0.66	8.6	5.68	232.88
42	0.66	23.0	15.18	637.56
43	0.66	34.5	22.77	979.11
44	0.66	51.6	34.06	1498.64
45	0.66	70.2	46.33	2084.85
46	0.63	66.0	41.58	1912.68
47	0.53	40.2	21.31	1001.57
48	0.40	21.2	8.48	407.04
49	0.38	11.5	4.37	214.13
50	0.34	0.0	0.00	0.00
		∑ lxmx	= 193.73	∑ xlxmx = 8184.22

O padrão de distribuição em idades estáveis de *H. armigera* no sorgo é apresentado no quadro 15. A contribuição percentual dos vários estádios de desenvolvimento para a distribuição estável das idades no sorgo foi de 40,97, 45,19, 5,77 e 0,68 nas fases de ovo, larva, pupa e adulto, o que é semelhante ao relatado por Raghuwanshi e Vaishampayan (1992).

A tabela de esperança de vida foi construída e os resultados são apresentados no quadro 16. A esperança de vida (ex) dos ovos recentemente depositados era de apenas 15,30 dias. A taxa de mortalidade foi comparativamente elevada na idade de 5 a 10 dias. Não se registou qualquer mortalidade entre os 10 e os 20 dias de idade pivotal.

Table 14 : Duração média da geração, capacidade inata de aumento do número e taxa finita de *H. armigera* no sorgo

Sr. No.	Population growth statistics	Formula	Calculated values
1	Net reproductive rate	$Ro = \sum lx\ mx$	202.40
2	Mean length of generation	$Tc = \frac{\sum xlxmx}{Ro}$	44.81 days
3	Innate capacity for increase in numbers	$rm = \frac{loge^{Ro}}{Tc}$	0.1185 Females/female/days
4	Arbitarary 'rm' (rc)	0.11 and 0.12	--
5	Corrected 'rm'	$\sum e^{7-rmx} . lxmx$	0.1195 Females/female/days
6	Corrected generation time	$T = \frac{loge^{Ro}}{rm}$	44.44 days
7	Finite rate of increase in number	$\lambda = anti\ log\ e^{rm}$	1.126 Females/female/days
8	Weekly multiplication of population	$(\lambda)^7$	2.3083 Times
9	Hypothetical F_2 females	$(Ro)^2$	40,965.76

Tabela 15 : Distribuição específica por idade de *H. armigera* em sorgo (rm = 0,1195)

Pivotal age (days) x	Lx	$e^{-rm(x+1)}$	$Lx . e^{-rm(x+1)}$	Per cent contribution
1	2	3	4	5
0	1.00	0.8874	0.8874	12.1463
1	1.00	0.7874	0.7874	10.7776
2	1.00	0.6987	0.6987	9.5635
3	1.00	0.6200	0.6200	8.4863
4	0.98	0.5502	0.5392	**7.3803**
				40.9737
5	0.96	0.4882	0.4687	6.4154
6	0.96	0.4332	0.4159	5.6927
7	0.94	0.3844	0.3613	4.9453
8	0.90	0.3411	0.3070	4.2021
9	0.88	0.3027	0.2664	3.6464
10	0.85	0.2686	0.2283	3.1249
11	0.85	0.2384	0.2026	2.7731
12	0.85	0.2115	0.1798	2.4610
13	0.85	0.1877	0.1595	2.1832
14	0.85	0.1665	0.1415	1.9368
15	0.85	0.1478	0.1256	1.7192
16	0.85	0.1311	0.1114	1.5248
17	0.85	0.1164	0.0989	1.3537
18	0.85	0.1033	0.0878	1.2018
19	0.85	0.0916	0.0779	1.0663
20	0.85	0.0813	0.0691	**0.9458**
				45.4925
21	0.85	0.0722	0.0614	0.8404
22	0.85	0.0640	0.0544	0.7446
23	0.85	0.0568	0.0483	0.6611
24	0.75	0.0504	0.0378	0.5174
25	0.75	0.0447	0.0335	0.4585
26	0.75	0.0397	0.0298	0.4079
27	0.75	0.0352	0.0264	0.3614
28	0.75	0.0313	0.0235	0.3217
29	0.72	0.0277	0.0199	0.2724

30	0.70	0.0246	0.0172	0.2354
31	0.70	0.0218	0.0153	0.2094
32	0.70	0.0194	0.0136	0.1862
33	0.70	0.0172	0.0120	0.1643
34	0.70	0.0153	0.0107	0.1465
35	0.70	0.0135	0.0095	0.1300
36	0.70	0.0120	0.0084	**0.1150**
				5.7722
37	0.70	0.0107	0.0075	0.1027
38	0.70	0.0095	0.0067	0.0917
39	0.70	0.0084	0.0059	0.0808
40	0.66	0.0075	0.0050	0.0684
41	0.66	0.0066	0.0044	0.0602
42	0.66	0.0059	0.0039	0.0534
43	0.66	0.0052	0.0034	0.0465
44	0.66	0.0046	0.0030	0.0411
45	0.66	0.0041	0.0027	0.0370
46	0.66	0.0036	0.0024	0.0329
47	0.56	0.0032	0.0018	0.0246
48	0.45	0.0029	0.0013	0.0178
49	0.38	0.0025	0.0010	0.0137
50	0.34	0.0023	0.0008	**0.0110**
				0.6818

Os dados do Quadro 17, que mostram a comparação de diferentes parâmetros da tabela de vida construída em diferentes culturas hospedeiras, revelaram que a taxa líquida de reprodução (Ro) de *H. armigera* em luzerna, grão-de-bico e sorgo foi de 193,73, 361,84 e 202,40, respetivamente. Assim, com base na taxa líquida de reprodução, as culturas hospedeiras podem ser agrupadas como: grão-de-bico sorgo> > luzerna. O padrão de nascimento de fêmeas (mx) foi quase semelhante nas três culturas hospedeiras. Além disso, observou-se que os valores de 'mx' aumentam lentamente, atingem um pico seguido de uma diminuição gradual. Assim, é evidente a partir dos dados que o grão-de-bico foi superior para a multiplicação da praga. A duração média da geração também diferiu nas culturas hospedeiras. Foi máxima na luzerna (44,81 dias) e mínima no sorgo (44,81 dias). A capacidade inata de aumento do número (rm) variou de 0,1185 a 0,1302. Considerando o valor de 'rm', a ordem decrescente de culturas hospedeiras de *H. armigera* foi: grão-de-bico (0,1302)> luzerna (0,1247)> sorgo (0,1185).

Quadro 16 : Tabela de vida para calcular a esperança de vida de *H. armigera* criada em sorgo

Pivotal age (days) (x)	Numbers surviving to the beginning of age interval (lx)	Number dying during x (dx)	Mortality rate per hundred alive at beginning of age interval $\frac{(dx \cdot 100)}{lx}$ (100 qx)	Alive between age x and x+1 $\frac{lx + (lx + 1)}{2}$ (Lx)	Numbers of the individual's life days beyond x (Tx)	Expectation of further life $\frac{Tx}{lx} \times 2$ (ex)
0-5	100	04	04	98	765	15.30
5-10	96	11	11.46	90.50	667	13.90
10-15	85	0	0.00	85	576.50	13.56
15-20	85	0	0.00	85	491.50	11.56
20-25	85	10	11.76	80	406.50	09.56
25-30	75	05	06.66	72.50	326.50	08.71
30-35	70	00	0.00	70	254	07.26
35-40	70	04	05.71	68	184	05.26
40-45	66	00	0.00	66	116	03.52
45-50	66	32	48.48	50	50	01.52

A taxa finita de aumento (λ) foi calculada em 1,146, 1,137 e 1,126 fêmeas por fêmea por dia em grão-de-bico, luzerna e sorgo, respetivamente. Os dados sobre a distribuição etária estável de diferentes fases de desenvolvimento, *nomeadamente* ovo, larva, pupa e adulto, revelaram que a contribuição dos ovos para a distribuição etária estável variou entre 40,97 e 45,36% em diferentes culturas hospedeiras, ao passo que na fase larvar variou entre 45,49 e 52,94%.

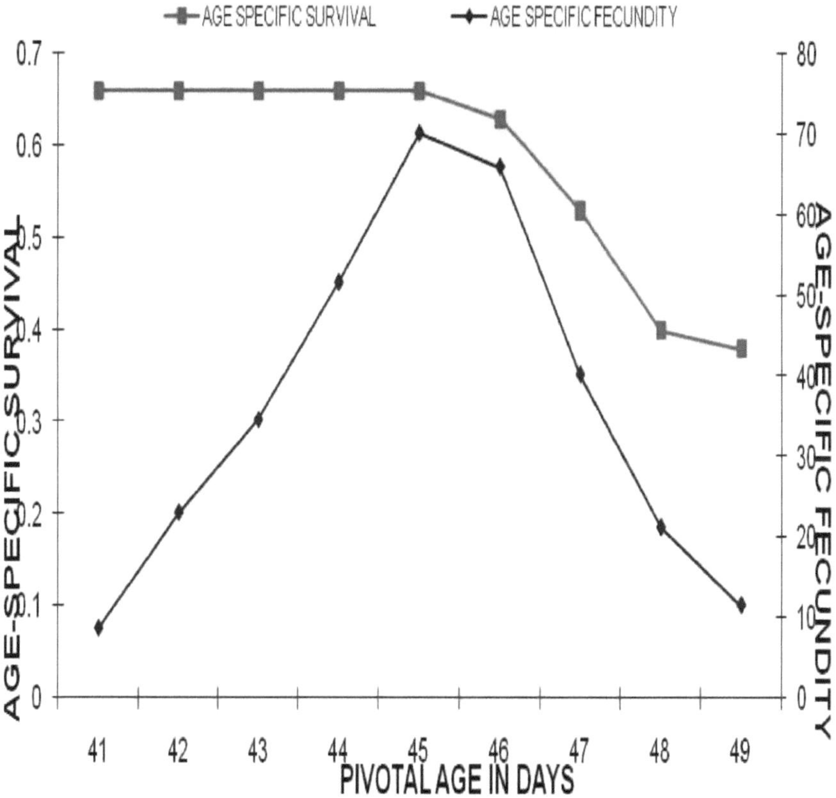

Fig. 3 : Age-specific survival and fecundity of *H. armigera* on sorghum

Quadro 17: Desempenho comparativo de diferentes culturas hospedeiras com base nos parâmetros da tabela de vida de *H. armigera*

Parâmetros de crescimento da população	Valores calculados		
	Lucerna	**Grão-de-bico**	**Sorgo**
Taxa líquida de reprodução (Ro)	193.73	361.84	202.40
Capacidade inata de aumentar o número de pessoas (rm)	0.1247	0.1302	0.1185
Tempo de geração (T)	41,11 dias	43,19 dias	44,44 dias
Taxa finita de aumento dos números (λ)	1.137	1.146	1.126
Multiplicação semanal da população (λ^7)	2.7340	2.5966	2.3080

A contribuição das pupas e dos adultos foi negligenciável, uma vez que variou entre 4,42 e 5,77 e entre 0,42 e 0,68 por cento, respetivamente. Assim, concluiu-se que, quando a população atinge uma distribuição etária estável, os estádios imaturos, isto é, os ovos e as larvas, são os que mais contribuem, ao passo que as pupas e os adultos são os que menos contribuem. Observações semelhantes foram também efectuadas por Patel e Mittal (1986) em sorgo, Raghuwanshi e Vaishampayan (1992) em grão-de-bico e sorgo e Patel e Koshiya (1998) em luzerna. No entanto, os resultados não puderam ser discutidos à luz de outros estudos semelhantes devido à falta de informação publicada sobre luzerna, grão-de-bico e sorgo relativamente a esta praga.

4.2 Estudo da abundância sazonal

Foi efectuado um estudo para conhecer a abundância sazonal de *H. armigera* na luzerna. As observações sobre a atividade sazonal da *H. armigera* foram registadas na cultura da luzerna cultivada na Estação Principal de Investigação de Forragens, Universidade Agrícola de Gujarat, Campus de Anand, Anand, durante o ano 2002-2003. A flutuação da população foi determinada através do registo da população absoluta de larvas a intervalos semanais em 20 quadrantes de uma área de metros quadrados. Também se determinou a atividade da praga e o papel dos factores físicos do ambiente na flutuação da população. Os dados assim obtidos estão resumidos no

Quadro 19 e na Figura 4.

Os dados sobre a população larvar desta praga (Quadro 18) revelaram que a praga esteve ativa desde a primeira semana de janeiro até à segunda semana de maio. Durante este período, registaram-se flutuações violentas com 3 picos de população. A incidência da praga começou na primeira semana de janeiro com 1,2 larvas/metro quadrado de área, que aumentou lentamente e atingiu um pico de 2,1 larvas/metro quadrado de área na primeira semana de fevereiro. A população larvar manteve-se estável durante a segunda e terceira semanas de fevereiro (1,3 e 1,1 larvas/metro quadrado de área). No entanto, atingiu o pico de 2,8 larvas/metro quadrado de área durante a quarta semana de fevereiro. Depois disso, a atividade da praga diminuiu de forma constante desde o início até ao fim de março. A população manteve-se estável da primeira semana de abril à primeira semana de maio (0,7 a 0,9 larvas/metro quadrado) e atingiu um pico de 1,2 larvas por metro quadrado na segunda semana de maio. Assim, houve três picos populacionais durante a primeira semana de fevereiro (2,1 larvas/área de um metro quadrado), a quarta semana de fevereiro (2,8 larvas/área de um metro quadrado) e a segunda semana de maio (1,2 larvas/área de um metro quadrado).

Foi determinado o papel de diferentes factores físicos do ambiente na causa da flutuação da população de larvas na luzerna. A correlação entre a população e os factores físicos é apresentada no quadro 19. O estudo de correlação na cultura da luzerna revelou que a temperatura máxima e a humidade relativa nas horas da manhã estavam negativamente e positivamente correlacionadas com a acumulação da população de *H. armigera*, respetivamente. Assim, é evidente que a diminuição da temperatura máxima resultou na acumulação da população da praga, ao passo que o aumento da humidade relativa durante as horas da manhã provocou um aumento da população da praga. Outros factores ambientais não foram considerados eficazes para causar a flutuação da população da praga. Patel e Koshiya (1999) referiram que a temperatura máxima estava negativamente correlacionada com o aumento da população desta praga no grão-de-bico em Junagadh, Gujarat. Os mesmos autores referiram também que a humidade relativa nas horas da manhã estava positivamente correlacionada com o desenvolvimento da população desta praga no algodão. Os resultados das presentes investigações estão em conformidade com os resultados de Patel e Koshiya (1999).

Quadro 18 : Efeito dos parâmetros climáticos na incidência de *H. armigera* na luzerna cultivada para a produção de sementes

Std. Semana n.	Queda de chuva (mm)	N.º de dias de chuva	Temperatura (°C)		Humidade (%)		Horas de sol	Av. População/área de metros quadrados
			Máximo	Mínimo	07.30 hrs	14.30 hrs		
45	0	0	34.3	16.9	71.7	31.7	8.1	0
46	0	0	32.8	14.6	80.9	26.8	9.2	0
47	0	0	34.6	14.0	87.9	21.9	9.8	0
48	0	0	32.1	11.5	77.5	21.0	9.1	0
49	0	0	32.1	12.7	72.1	29.2	9.0	0
50	0	0	32.1	12.	81.6	30.5	9.4	0
51	0	0	31.9	13.1	93.1	36.1	9.2	0
52	0	0	28.1	10.9	86.9	35.5	9.0	0
1	0	0	26.2	12.6	74.0	39.0	8.4	1.2
2	0	0	27.8	13.8	53.0	35.0	8.9	0.9
3	0	0	29.3	11.0	55.0	29.0	9.7	1.1
4	0	0	30.7	11.8	84.0	29.0	9.4	1.9
5	0	0	28.6	14.1	81.0	41.0	9.3	2.1
6	0	0	30.3	12.6	74.0	39.0	9.8	1.3
7	0	0	31.7	13.4	72.0	30.0	9.6	1.1
8	23.2	1.0	30.2	15.8	79.0	36.0	9.2	2.8
9	0	0	32.0	16.7	73.0	27.0	10.0	2.3
10	0	0	33.4	12.9	48.0	12.0	10.1	1.1
11	0	0	33.7	15.7	59.0	21.0	9.6	0.9
12	0	0	37.1	19.1	65.0	20.0	10.1	1.1
13	0	0	38.5	21.5	57.0	21.0	9.7	0.8
14	0	0	38.0	21.7	67.0	30.0	9.7	0.9
15	0	0	39.1	22.0	60.0	20.0	9.5	0.7
16	0	0	38.3	21.5	73.0	27.0	9.9	0.9
17	0	0	40.5	21.4	69.0	28.0	10.6	0.8
18	0	0	39.6	22.0	75.0	39.0	10.5	1.2

Quadro 19 : Correlação da população larvar de *H. armigera* na cultura da luzerna com os parâmetros climáticos (2002-2003)

Cultura	Parâmetros meteorológicos				
	Temperatura (°C)		Humidade relativa (%)		Horas de sol
	Máximo	Mínimo	Horas da manhã	Horas nocturnas	
Lucerna	- 0.48*	- 0.36	0.62*	0.39	- 0.21

***Significativo ao nível de 5%**

4.3 Luta *contra H. armigera* na produção de sementes de luzerna

Foi avaliada a eficácia de diferentes insecticidas convencionais, de produtos botânicos e do vírus da poliedrose nuclear contra *H. armigera* em luzerna cultivada para a produção de sementes. Os insecticidas foram pulverizados duas vezes na fase de 50% de floração e de 50% de vagem durante a estação de cultivo para testar a sua bioeficácia contra esta praga. As observações sobre a população de larvas foram registadas antes da pulverização e 1, 3, 5 e 7 dias após ambas as pulverizações.

4.3.1 Efeito contra a população de larvas após a primeira pulverização

A população larvar registada um dia após a pulverização indicou que todos os tratamentos insecticidas foram significativamente superiores ao controlo. A cipermetrina 0,01 por cento (Quadro 20) foi significativamente superior aos restantes tratamentos, com a população larvar mais baixa (1,93 larvas/metro quadrado de área), exceto o endosulfan 0,07 por cento e o quinalfos 0,05 por cento. O endosulfan 0,07, o quinalfos 0,05 e o clorpirifos 0,05 por cento foram considerados igualmente eficazes. Os restantes tratamentos apresentaram 3,95 a 4,61 números de larvas por metro quadrado de área e revelaram-se comparativamente menos eficazes.

A população de larvas registada três dias após a aplicação revelou que todos os tratamentos insecticidas foram significativamente superiores ao controlo. O endosulfan 0,07 por cento e o quinalfos 0,05 por cento foram altamente eficazes no controlo desta praga e estavam a

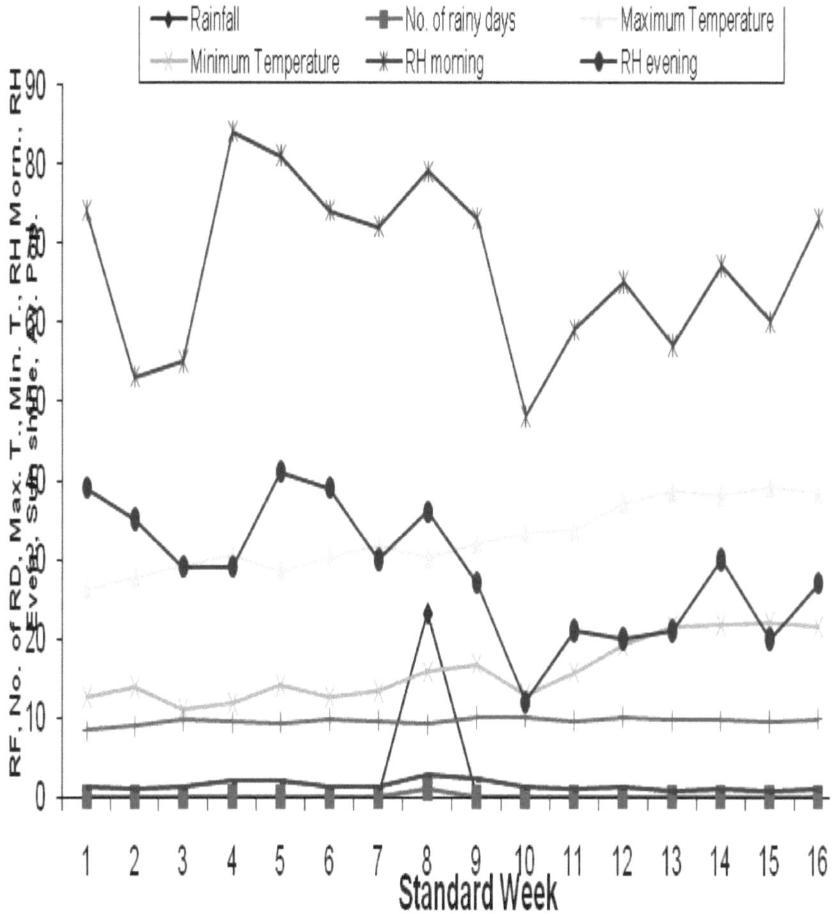

Fig. 4 : Incidence of *H. armigera* on lucerne along with weather parameters

em relação ao outro. A população larvar nestes tratamentos foi registada em 0,60 e 1,29 larvas/metro quadrado de área, respetivamente. O quinalfos 0,05 por cento foi igual ao clorpirifos 0,05 por cento e ao Polytrin C 0,44 por cento. Os restantes tratamentos insecticidas foram menos eficazes no controlo da população de larvas.

A população de larvas registada cinco dias após a pulverização revelou que o endosulfan 0,07 e o quinalfos 0,05 por cento foram altamente eficazes no controlo desta praga e estavam em pé de igualdade entre si, tendo-se revelado também significativamente superiores ao resto dos tratamentos insecticidas. Os dados indicaram ainda que Polytrin C 0,044, clorpirifos 0,05, cipermetrina 0,01, profenofos 0,05 e Gronim 0,05 por cento foram os próximos melhores tratamentos. Ha-NPV 250 LU e NSKE 5 por cento mostraram-se comparativamente menos eficazes contra esta praga após cinco dias de aplicação.

Os dados sobre a população de larvas obtidos sete dias após a aplicação do inseticida revelaram que o endossulfão 0,07 e o quinalfos 0,05 por cento se revelaram o tratamento mais eficaz. O clorpirifos 0,05 e o Polytrin C 0,044 por cento foram semelhantes ao endosulfan 0,07 e ao quinalfos 0,05 por cento. Os outros tratamentos revelaram-se comparativamente menos eficazes.

4.3.2 Efeito contra a população de larvas após a segunda pulverização

Os dados sobre a população larvar um dia após a segunda pulverização revelaram que a cipermetrina 0,01 por cento (Quadro 21) foi significativamente superior a todos os outros tratamentos, apresentando um menor número de população larvar (2,19 larvas/metro quadrado de área). Endosulfan 0,07, quinalfos 0,05 e clorpirifos 0,05 por cento foram os próximos melhores tratamentos e estavam a par da cipermetrina 0,01 por cento. Os outros tratamentos foram igualmente eficazes, uma vez que apresentaram 4,34 a 4,88 populações de larvas por metro quadrado de área. Os dados obtidos após três dias de pulverização indicaram que a população de larvas diminuiu em todos os tratamentos à medida que o tempo aumentou. O Endosulfan 0,07 por cento registou a população larvar mais baixa e ficou a par do quinalfos 0,05 e do Polytrin C 0,044 por cento. No entanto,

Quadro 20 : Eficácia de diferentes insecticidas, botânicos e NPV contra *H. armigera* na produção de sementes de luzerna (primeira pulverização)

Tratamento	Número de larvas / metro quadrado de área				
	Antes da pulverização	1 DAS	3 DAS	5 DAS	7 DAS
Endosulfan 0,07 %	2.60 a (6.26)	1,68 de (2,32)	1.05 f (0.60)	0.88 f (0.27)	1.22 f (0.99)
Cipermetrina 0,01%	2.61 a (6.31)	1.56 e (1.93)	1,77 cd (2,63)	1,56 cde (1,93)	1,76 cde (2,60)
	2,47 a (5,60)	2,03 bcd	1.56 de (1.93)	1.46 de (1.63)	1,46 ef (163)
Clorpirifos 0,05%	2,53 a	(3,62)	1.58 de	1.27 ef	1,56 def
	(5.90)	2,11 a.C.	(2.00)	(1.11)	(1.93)
Politrina C 0,044%	2.48 a	(3,95)	1,34 ef	1,22 ef	1.34 f
			(1.29)	(0.99)	(1.29)
Quinalfos 0,05%	(5.65)	1,86 cde	1,86 bcd	1,77 bcd	1,86 bcd
	2.61 a (6.31)	(2,96)	(2.96)	(2.63)	(2.96)
Profenofos 0,05%	2.59 a (6.21)	2,18 a.C. (4,25)	2.19 b (4.30)	1.02 b (0.54)	2,09 bc (3,87)
HaNPV 250 LU	2.61 a (6.31)	2.25 b (4.56)	2.18 b (4.25)	2.08 b (3.83)	2.18 b (4.25)
NSKE 5 %	2.60 a (6.26)	2.26 b (4.61)	2,02 bc (3,58)	1,95 bc (3,30)	2,04 bc (3,66)
Gronim 0,0005%	2.68 a (6.68)	2.19 a.C. (4.30)	2.68 a (6.68)	2.73 a (6.95)	2.68 a (6.68)
Controlo (pulverização de água)		2.73 a (6.95)			
Média	2.58 (6.16)	2.08 (3.83)	1.82 (2.81)	1.59 (2.03)	1.82 (2.81)
S.Em ±	0.17	0.13	0.15	0.17	0.15
C.V. %	11.6	11.19	13.88	16.86	13.81

Nota: 1. Os valores entre parênteses são retransformados e os valores fora dos parênteses são valores transformados $\sqrt{x}+ 0,5$

2. Os números com letra (s) em comum não diferem significativamente entre si pelo DNMRT clorpirifos 0,05, cipermetrina 0,01 e profenofos 0,05 por cento estavam ao mesmo nível que Polytrin C 0,044 por cento. A cipermetrina 0,01, o profenofos 0,05 e o Gronim 0,0005 por estavam ao mesmo nível. O Ha-NPV 250 LU e o NSKE 5 por cento revelaram-se menos eficazes, pois registaram 4,61 e 4,65, respetivamente.

Os dados sobre a população de larvas (Quadro 21) revelaram que, cinco dias após a pulverização, o tratamento com endosulfan 0,07 por cento foi significativamente superior aos restantes tratamentos e foi igual ao quinalfos 0,05 por cento. Polytrin C 0,044 e chlorpyriphos 0,05 por cento também foram tratamentos eficazes contra esta praga, seguidos por quinalphos 0,05 por cento. A cipermetrina 0,01 e o profenofos 0,05 por cento estavam ao mesmo nível que o clorpirifos 0,05 por cento. Os restantes tratamentos insecticidas foram considerados igualmente eficazes. Os dados sobre a população de larvas revelaram que, sete dias após a pulverização, o tratamento com endossulfão 0,07, quinalfos 0,05, Polytrin C 0,044 e clorpirifos 0,05 por cento foi significativamente superior aos restantes tratamentos. Foram seguidos de perto pelo endossulfan 0,07 por cento e foram considerados eficazes na supressão da população de larvas. Gronim 0,0005 por cento não foi considerado eficaz mesmo após sete dias após a aplicação, enquanto Ha-NPV 250 LU e NSKE 5 por cento provaram ser menos eficazes.

4.3.3 Efeito de diferentes insecticidas na população de larvas com base em períodos e pulverizações combinados

É evidente, a partir dos dados agrupados da primeira pulverização (Quadro 22), que todos os tratamentos insecticidas foram significativamente superiores ao controlo. Uma leitura atenta dos dados sobre a população de larvas de *H. armigera* em diferentes tratamentos indicou que o endossulfão 0,07 e o quinalfos 0,05 por cento foram os tratamentos mais eficazes na redução da população de larvas e foram significativamente superiores aos restantes tratamentos.

Quadro 21: Eficácia de diferentes insecticidas, produtos botânicos e VAL contra *H. armigera* na produção de sementes de luzerna (segundo dia)

Tratamento	Número de larvas / metro quadrado de área				
	Antes da pulverização	1 DAS	3 DAS	5 DAS	7 DAS
Endosulfan 0,07 %	2.79 a (7.28)	1,76 cd (2,60)	1.22 f (0.99)	0.71 g (0.00)	1.05 f (0.60)
Cipermetrina 0,01%	2.54 a (5.95)	1.64 d (2.19)	1,86 cde (2,96)	1,46 de (1,63)	1,56 cde (1,93)
Clorpirifos 0,05% Politrina C 0,044%	2.61 a (6.31)	2,10 bcd (3,91)	1,68 de (2,32)	1,34 def (1,29)	1,46 def (1,63)
Quinalfos 0,05%	2.61 a (6.31)	2.19 a.C. (4.30)	1,64 def (2,19)	1,22 ef (0,99)	1,27 ef (1,11)
Profenofos 0,05%	2.73 a (6.95)	1,95 bcd (3,30)	1,46 ef (1,63)	1,05 fg (0,60)	1,22 ef (0,99)
HaNPV 250 LU	2.65 a (6.52)	2.26 b (4.61)	1,93 bcd (3,22)	1,64 cd (2,19)	1,77 bcd (2,63)
NSKE 5 %	2.59 a (6.21)	2.32 b (4.88)	2.26 b (4.61)	1,95 bc (3,30)	2.02 b (3.58)
Gronim 0,0005%	2.68 a (6.68)	2.32 b (4.88)	2.27 b (4.65)	2.01 b (3.54)	2.08 b (3.83)
Controlo (pulverização de água)	2.79 a (7.28)	2,20 a.C. (4,34)	2,11 a.C. (3,95)	1,86 bc (2,96)	1.95 b (3.30)
	2.67 a (6.63)	2.79 a (7.28)	2.91 a (7.97)	2.86 a (7.68)	2.80 a (7.34)
Média	2.67 (6.63)	2.15 (4.12)	1.94 (3.26)	1.61 (2.09)	1.75 (2.56)
S.Em ±	0.16	0.17	0.15	0.13	0.16
C.V. %	10.09	13.68	13.17	13.52	16.51

Nota: 1. Os valores entre parênteses são retransformados e os valores fora dos parênteses são valores transformados $\sqrt{x}+ 0,5$

2. As figuras com letra (s) em comum não diferem significativamente segundo o DNMRT

O Polytrin C 0,044 e o clorpirifos 0,05 por cento foram seguidos de perto pelo quinalfos 0,05 por cento. A cipermetrina 0,01 por cento estava ao mesmo nível que o Polytrin C 0,044 por cento. O profenofos 0,05 por cento foi o próximo melhor tratamento, mas estava a par do Gronim 0,0005 por cento. Foi ainda revelado que Ha-NPV 250 LU e NSKE 5 por cento foram considerados o tratamento menos eficaz.

Os dados agrupados da segunda pulverização revelaram que todos os tratamentos insecticidas se revelaram significativamente superiores no controlo da população de pragas em relação ao controlo. As parcelas tratadas com endosulfan 0,07 e quinalfos 0,05 por cento foram consideradas o tratamento mais eficaz no controlo da população de larvas. O Polytrin C 0,044 por cento e o quinalfos 0,05 por cento estavam a par um do outro. Polytrin C 0,044, cypermethrin 0,01, e chlorpyriphos 0,05 por cento foram os próximos tratamentos eficazes e também em pé de igualdade, enquanto profenophos 0,05 e Gronim 0,0005 por cento foram em pé de igualdade. Os restantes tratamentos insecticidas foram menos eficazes no controlo da população de larvas.

Assim, com base nos dados combinados de duas pulverizações, pode concluir-se que, de entre os diferentes tratamentos insecticidas, o endossulfão 0,07, o quinalfos 0,05, o Polytrin C 0,044, o clorpirifos 0,05, a cipermetrina 0,01 e o profenofos 0,05 por cento revelaram-se mais eficazes no controlo desta praga em condições de campo, enquanto o Gronim 0,0005 por cento, o Ha-NPV 250 LU e o NSKE 5 por cento se revelaram menos eficazes no controlo desta praga.

4.3.4 Rendimento das sementes

Os dados sobre a produção de sementes (kg/ha) apresentados no Quadro 23 e representados na Fig. 5 revelam que todos os tratamentos insecticidas registaram uma produção de sementes significativamente mais elevada do que a testemunha. Entre os vários tratamentos testados, as parcelas tratadas com endosulfan 0,07 por cento deram o maior rendimento de sementes (530,56 kg/ha) e foi a par com quinalfos 0,05 (506,94 kg/ha) e Polytrin C 0,044 por cento (454,17 kg/ha). Entre os restantes

Quadro 22 : Eficácia de diferentes insecticidas, produtos botânicos e NPV contra *H. armigera* na produção de sementes de luzerna (agrupamento de períodos e pulverizações)

Tratamento	Número de larvas / metro quadrado de área			
	Antes da pulverização	**I Pulverização**	**II Pulverização**	**Agrupado**
Endosulfan 0,07 %	2.70 a (6.79)	1.21 f (0.96)	1.19 f (0.92)	1.20 g (0.94)
Cipermetrina 0,01%	2.58 a (6.16)	1.66 d (2.25)	1.63 d (2.16)	1.65 e (2.22)
Clorpirifos 0,05%	2.54 a (5.95)	1,63 de (2.16)	1.65 d (2.22)	1.64 e (2.19)
Politrina C 0,044%	2.57 a (6.10)	1,63 de (2.16)	1,58 de (2.00)	1.61 e (2.09)
Quinalfos 0,05%	2.61 a (6.31)	1,44 ef (1.57)	1,42 ef (1.52)	1.43 f (1.54)
Profenofos 0,05%	2.62 a (6.36)	1.92 c (3.19)	1.90 c (3.11)	1.91 d (3.15)
HaNPV 250 LU	2.59 a (6.21)	2.14 b (4.08)	2.14 b (4.08)	2.14 a.C. (4.08)
NSKE 5 %	2.64 a (6.45)	2.18 b (4.25)	2.18 b (4.25)	2.18 b (4.25)
Gronim 0,0005%	2.70 a (6.79)	2.05 b (3.70)	2.03 a.C. (3.62)	2.04 c (3.66)
Controlo (Água pulverização)	2.67 a (6.63)	2.71 a (6.84)	2.84 a (7.56)	2.77 a (7.17)
Média	2.62 (6.36)	1.86 (2.96)	1.86 (2.96)	1.86 (2.96)
S.Em ± T	0.10	0.07	0.07	0.05
T X P	0.16	0.15	0.17	0.11
C.V. %	10.62	13.99	13.59	13.79

Nota: 1. Os valores entre parênteses são retransformados e os valores fora dos parênteses são valores transformados $\sqrt{x}+ 0,5$

2. Os números com letra (s) em comum não diferem significativamente entre os tratamentos DNMRT, clorpirifos 0,05 (412,50 kg/ha), cipermetrina 0,01 (391,67 kg/ha), profenofos 0,05 (383.33 kg/ha) e Gronim 0,0005 por cento (372,22 kg/ha) foram iguais entre si, enquanto o clorpirifos 0,05 (412,50 kg/ha) foi igual ao Polytrin C 0,044 (454,17 kg/ha). Estes tratamentos foram considerados mais eficazes no aumento do rendimento do que o endosulfan 0,07 e o quinalfos 0,05 por cento. Os

tratamentos de Ha- NPV 250 LU (347,22 kg/ha) e NSKE 5 por cento (327,78 kg/ha) apresentaram um rendimento inferior e provou ser menos eficaz, no entanto estes tratamentos foram superiores ao controlo. Assim, com base no rendimento de sementes, os tratamentos podem ser organizados como: endosulfan 0,07 por cento (530,56 kg/ha) = quinalfos 0,05 por cento (506,94 kg/ha) = Polytrin C 0,044 por cento (454,17 kg/ha) > clorpirifos 0,05 por cento (412.50 kg/ha) = cipermetrina 0,01 por cento (391,67 kg/ha) = profenofos 0,05 por cento (383,33 kg/ha) = Gronim 0,0005 por cento (372,22 kg/ha) > Ha-NPV 250 LU (347,22 kg/ha) = NSKE 5 por cento (327,78 kg/ha) > controlo (pulverização de água) (205,56 kg/ha).

Quadro 23: Produção de sementes de luzerna (Anand-2) em diferentes tratamentos insecticidas

Tratamento Não.	Tratamentos	Rendimento das sementes (kg/ha)
T1	Endosulfan	530.56 a
T2	Cipermetrina	391,67 bc
T3	Clorpirifos	412.50 bc
T4	Politrina C	454,17 ab
T5	Quinalfos	506.94 a
T6	Profenofos	383.33 a.C.
T7	HaNPV	347.22 c
T8	NSKE	327.78 c
T9	Gronim	372.22 a.C.
T10	Controlo (pulverização de água)	205.56 d
Média		393.19
S.Em ±		33.64
C.D. a 5%		99.94
C.V. %		14.82

Nota: Os números com letra (s) em comum não diferem significativamente entre si pelo DNMRT

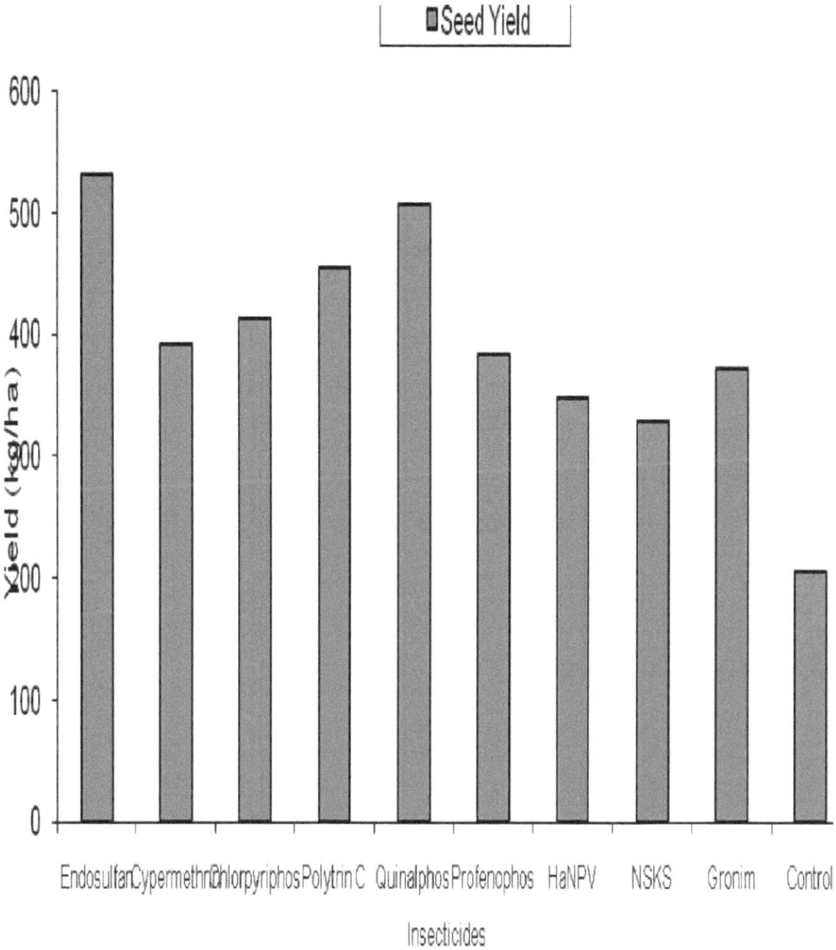

Fig. 5 : Impact of various insecticidal treatments on lucerne seed yield

Vários trabalhadores testaram um certo número de insecticidas contra *H. armigera* em diferentes culturas. Mishra e Saxena (1981) referiram que duas aplicações de endosulfan 0,07 e quinalfos 0,05 por cento se revelaram eficazes na redução dos danos causados às vagens de grão-de-bico. Bapodra (1988) referiu que o endosulfan 0,07 por cento.

4.3.5 Rácio custo-benefício incremental (ICBR)

Para conhecer a economia dos diferentes tratamentos insecticidas, o ICBR foi calculado com base na produção de sementes e os detalhes são apresentados no Quadro 24. A ordem cronológica de vários tratamentos insecticidas com base na relação custo-benefício incremental líquido foi: quinalfos 0,05 por cento (1:36,64)> clorpirifos 0,05 por cento (1:33,87)> cipermetrina 0.01 por cento (1:31.09)> endosulfan 0.07 por cento (1:28.95)> NSKE 5 por cento (1:18.37)> Gronim 0.0005 por cento (1:18.20)> Polytrin C 0.044 por cento (1:16.83)> profenofos 0.05 por cento (1:14.46)> Ha-NPV 250 LU (7.44). Assim, do ponto de vista do NICBR em vários tratamentos, o NICBR máximo foi obtido no tratamento de quinalfos 0,05 por cento (1:36,64) seguido de clorpirifos 0,05 por cento (1:33,87). O menor NICBR foi obtido no tratamento com profenofós 0,05 por cento (1:14,46) e Ha-NPV 250 LU (1:7,44). Assim, o tratamento de quinalphos 25 EC @ 0,05 por cento em 50% de floração e 50% de estágio de vagem pode ser recomendado ao agricultor, pois deu o maior NICBR e deu proteção contra essa praga.

Quadro 24 : Detalhes da relação custo-benefício do inseticida (ICBR) para diferentes tratamentos insecticidas

Inseticida	**Produção (l/kg/h *a)***	**Custo total dos tratamentos para duas aplicações (Rs/ha)**	**Rendimento (kg/ha)**	**Realização bruta (Rs/ha)**	**Lucro líquido (Rs/ha)**	**Lucro sobre o controlo (Rs/ha)**	**ICBR**	**ICBR líquido**
Endosulfan	3	1050	530.56	53056	52006	31450	1:29.95	1:28.95
Cipermina-etrina	0.750	562.50	391.67	39167	38604	18048	1:32.09	1:31.09
Clorpião-rifões	1.5	585	412.50	41250	40665	20109	1:34.37	1:33.37
Politrina-C	1.5	1320	454.17	45417	44097	23541	1:17.83	1:16.83
Quinal-fos	1.5	780	506.94	50694	49914	29358	1:37.64	1:36.64
Profeno-fos	1.5	1080	383.33	38333	37253	16697	1:15.46	1:14.46
Ha-NPV								
NSKE	0.500	1500	347.22	34722	33222	12666	1:8.44	1:7.44
Gronim	75	600	327.78	32778	32178	11622	1:19.37	1:18.37
Controlo	0.750	825	372.22	37222	36397	15841	1:19.20	1:18.20
(Pulverização de água)	-	-	205.56	20556	-	-	-	-

Capítulo - V

Resumo e conclusão

Foram realizadas investigações em laboratório ou em condições de campo sobre o ciclo de vida, a abundância sazonal e o controlo de *Helicoverpa armigera* (Hubner) Hardwick na luzerna durante 2001-2003. Os principais resultados destas investigações são resumidos neste capítulo.

As investigações sobre as tabelas de fecundidade e a distribuição específica por idade revelaram que a expetativa máxima de ovos recém depositados foi registada no grão-de-bico, seguido do sorgo e da luzerna. A sobrevivência mais elevada da fase imatura (com base nos valores 'lx') foi observada na luzerna, seguida do grão-de-bico e do sorgo.

A taxa líquida de reprodução (Ro) foi de 193,73, 202,40 e 361,84 em luzerna, grão-de-bico e sorgo, respetivamente. A taxa líquida de reprodução (Ro) mais elevada desta praga foi registada no grão-de-bico, enquanto que a mais baixa foi registada na luzerna. Assim, com base nos valores da taxa de reprodução, o hospedeiro pode ser organizado por ordem decrescente como grão-de-bico sorgo> > luzerna.

A duração média da geração foi de 42,25, 44,81 e 45,26 dias na luzerna, sorgo e grão-de-bico, respetivamente. Foi mais baixa na luzerna (42,25), enquanto que foi mais alta no grão-de-bico (45,26 dias). A taxa intrínseca de aumento natural em número (rm) foi de 0,1185, 0,1195 e 0,1302 fêmeas por fêmea por dia em sorgo, luzerna e grão-de-bico, respetivamente. Considerando os valores de 'rm', o hospedeiro pode ser organizado como grão-de-bico> luzerna> sorgo. Da mesma forma, a taxa finita de aumento em número (λ) foi de 1,137, 1,126 e 1,46 fêmeas por fêmea por dia em luzerna, sorgo e grão-de-bico, respetivamente.

Estudos sobre a distribuição específica por idade desta praga em diferentes hospedeiros revelaram que os ovos e as larvas foram os que mais contribuíram para a população de idade estável, enquanto a contribuição das pupas e dos adultos foi negligenciável.

O estudo da abundância sazonal da praga revelou que a praga esteve ativa desde a primeira semana de janeiro até à segunda semana de maio. Durante este período, apresentou flutuações violentas com 3 picos de população. A incidência da praga começou na primeira semana de janeiro com 1,2 larvas/metro quadrado de área que aumentou lentamente e atingiu um pico de 2,1 larvas/metro quadrado de área na primeira semana de fevereiro. A população larvar manteve-se estável durante a segunda e terceira semanas de fevereiro (1,3 e 1,1 larvas/metro quadrado de área). No entanto, atingiu o pico de 2,8 larvas/metro quadrado de área durante a quarta semana de fevereiro. Depois disso, a atividade da praga diminuiu de forma constante desde o início até ao fim de março. A população permaneceu estável da primeira semana de abril à primeira semana de maio (0,7 a 0,9 larvas/metro quadrado) e atingiu um pico de 1,2 larvas por metro quadrado na segunda semana de maio. Assim, houve três picos populacionais durante a primeira semana de fevereiro (2,1 larvas/área de um metro quadrado), a quarta semana de fevereiro (2,8 larvas/área de um metro quadrado) e a segunda semana de maio (1,2 larvas/área de um metro quadrado).

Foi determinado o papel de diferentes factores físicos do ambiente na causa da flutuação da população de larvas na luzerna. O estudo de correlação na cultura da luzerna revelou que a temperatura máxima e a humidade relativa nas horas da manhã estavam negativamente e positivamente correlacionadas com a acumulação da população de *H. armigera*, respetivamente. Assim, é evidente que a diminuição da temperatura máxima resultou na acumulação da população da praga, ao passo que o aumento da humidade relativa durante as horas da manhã provocou um aumento da população da praga. Outros factores ambientais não foram considerados eficazes para causar a flutuação da população da praga.

Um estudo sobre a eficácia dos insecticidas convencionais, dos produtos botânicos e do vírus da poliedrose nuclear indicou claramente que todos os tratamentos insecticidas foram significativamente superiores ao controlo na redução da população de larvas. Observou-se que, entre os diferentes tratamentos testados, o endosulfan 0,07% foi significativamente superior aos restantes tratamentos. O quinalfos 0,05 por cento foi o próximo tratamento mais eficaz, enquanto o Polytrin C 0,044, o clorpirifos 0,05 e a cipermetrina 0,01 por cento foram iguais entre si. Profenofos 0,05 e Gronim 0,0005 por cento foram os próximos tratamentos eficazes, enquanto Ha-NPV 250 LU e NSKE 5 por cento foram considerados menos eficazes.

Os dados sobre a produção de sementes revelaram que todos os tratamentos insecticidas foram significativamente superiores no aumento da produção de sementes de luzerna em relação ao controlo. Entre os diferentes tratamentos, a parcela tratada com endosulfan 0,07 por cento deu o maior rendimento e estava a par com quinalfos 0,05 e Polytrin C 0,044 por cento. No entanto, o Polytrin C 0,044 estava ao mesmo nível que o clorpirifos 0,05, o profenofos 0,05 e o Gronim 0,0005 por cento. Os tratamentos de Ha-NPV 250 LU e NSKE 5 por cento foram igualmente eficazes no aumento da produção de sementes. Considerando a economia dos tratamentos, quinalfos 0,05 por cento deu o maior NICBR (1: 36,64) seguido por clorpirifos 0,05 (1: 33,87), cipermetrina (1: 31.09), endosulfan (1: 28,95), NSKS 5 por cento (1: 18,37), Gronim (1: 18,20), Polytrin C (1: 16,83), profenofos 0,05 (1: 14,46) e Ha-NPV 250 LU (1: 7,44). Assim, considerando a economia, o quinalfos 0,05 por cento pode ser recomendado para o manejo da praga na produção de sementes de luzerna.

Bibiliografia

Agrawal, H. S.; Gupta, N. K.; Vaishwakarma, S. L. e Prasad, V. K. (1997). Comparative efficacy of different pesticides against the gram pod borer (*H. armigera* Hubn.). *Pesticidas,* 11 (12) : 27-29.

Anónimo (1982). Relatório Anual de Investigação, AICRP sobre biocontrolo, GAU, Anand, pp. 20.

Atwal, A. S. e Bains, S. S. (1974). Applied Animal Ecology, Kalyani Publishers, Ludhiana, pp. 11-35.

Bapodra, J. G. (1988). Análise biométrica, biologia, dinâmica populacional e controlo químico de *H. armigera* (Hubner) nas condições de Junagadh. Tese de doutoramento apresentada à Universidade Agrícola de Gujarat, Sardar Krushinagar (não publicada).

Beeson, C. F. C. (1961). The ecology and control of the Forest Insects of India and the Neighboring countries (Ecologia e controlo dos insectos florestais da Índia e dos países vizinhos). Governo da Índia, pp. 767.

Bhalani, P. A. e Kotadia, V. S. (1986). Avaliação no terreno de certos piretróides sintéticos contra *H. armigera* Hubner em culturas de gramíneas. *Pesticidas*. 20 (7) : 24-26.

Bhalani, P. A. e Parsana, G. J. (1986). Controlo químico da broca da vagem da grama, *H. armigera* Hubner, que infesta a grama verde (*Vigna radiata* L.). *Pesticides*, 20 (10) : 24-25.

Bhatnagar, V. S. e Davies, J. C. (1978). Factores que afectam a população da broca da vagem da grama, *H. armigera* (Hubner) (Lepidoptera : Noctuidae) no período de 1974-1977 em Patancheru (A.P.). *Bull. Ent.,* 19 : 52-64.

Bilapate, G. G. e Pawar, V. M. (1978). Tabelas de vida para a broca da vagem da grama, *H. armigera* Hubner (Lepidoptera : Noctuidae) em ervilha. *Proc. Indian Acad. Sci.*, 87 (6) : 119-121.

Bilapate, G. G.; Pawar, V. M. e Gaikwad, B. B. (1978). A taxa de aumento do número de *H. armigera* Hubner no feijão-de-lima verde. *J. Marathwada Agric. Univ.*, 8 : 38-39.

Bilapate, G. G.; Pawar, V. M. e Garseen, S. K. (1977). Registo de plantas hospedeiras alternativas de *H. armigera* Hubner em Marathawada. *Res. Bull. Marathawada Agric. Univ.*, 1 (6) : 84.

Bilapate, G. G.; Pawar, V. M. e Raodeo, A. K. (1977). Crescimento da população de *H. armigera* Hbn. na luzerna. *Indian J. agric. Sci.*, 47 (11) : 540-542.

Bilapate, G. G.; Raodeo, A. K. e Pawar, V. M. (1980). Investigações de *H. armigera* Hubner em Marathawada-II. As taxas de aumento natural quando criadas em cártamo. *Entomon*, 5 (4) :319-326.

Bilapate, G. G.; Raodeo, A. K. e Pawar, V. M. (1981). Investigações sobre *H. armigera* (Hubner) é Marathawada III tabela de vida e taxa intrínseca de aumento no grão-de-bico. *J. Marathawada Agric. Uni.*, 6 : 51-54.

Bilapate, G. G.; Raodeo, A. K. e Pawar, V. M. (1983). Investigação sobre *H. armigera* Hubner em Marathwada-I. A taxa de aumento do bicho-do-algodoeiro americano na ervilha-de-angola. *Indian J. Ent.*, 45 (3) : 275-281.

Birch, L. C. (1948). A taxa intrínseca de aumento natural de uma população de insectos. *J. Anim. Ecol.,* 17 : 15-26.

Bishop, A. L. e Holtkamp, R. H. (1980). Espécies *de Heliothis* em três variedades de luzerna infestadas com o pulgão azul-verde *Acyrthosiphon kondi* Shinji. *Entomologia Geral e Aplicada*, 12 : 10-12.

Boursin, C. (1965). Errata et addenda a montravail "Les Noctuidae Trifinae de France et de Belgique" parudans ce meme Bulletin. *Bulletin Mensuel de la Societa Linneenne de Lyon* 34 : 182-187. [Citado por Nye, I.W.B. (1982). Actas do seminário internacional sobre a gestão *da Helicoverpa* realizado em Patancheru, A.P., Índia, de 15 a 20 de novembro de 1981].

Broadley, R. H. (1977). *Heliothis*, uma praga agrícola grave em Queensland. *Queensland agric. J.,* 103 (6) : 536-541.

Butani, P. G. e Mittal, V. P. (1993). Eficácia comparativa de inseticida botânico e outros insecticidas contra a broca da vagem da grama (*H. armigera* Hubner). Trabalho apresentado no Simpósio Nacional sobre Pesticidas Botânicos na Gestão Integrada de Pragas, realizado em Rajmundary, Andhra Pradesh, Índia, de 21 a 22 de janeiro de 1990, pp. 276-281. 276- 281.

Chandrakar, H. K. e Shrivastava, S. K. (2001). Relevância da pulverização de pesticidas em várias fases da cultura para controlar o complexo da broca da vagem no feijão-urd. *Ambiente e Ecologia*, 19 (2): 466-468.

Chari, M. S.; Patel, A. R. e Bharpoda, T. M. (1985). Bio-eficácia de alguns novos insecticidas no controlo de *H. armigera* Hb. em grão-de-bico. *Pesticidas*, 19 (11) : 51-52.

Chaudhary, J. P.; Yadav, L. S. e Rustogi, K. B. (1980). Controlo químico da broca da vagem da grama, *H. armigera* Hubner, e do semiloboeiro, *Plusia spp.* na grama, *Cicer arietinum* L. *Haryana agric. Univ. J. Res.*, 10 (3) : 324-328.

Dahiya, B. e Chauhan, R. (2001). Avaliação de insecticidas e biopesticidas contra *H. armigera* Hbn. no grão-de-bico. Simpósio sobre gestão de pragas com base no biocontrolo para a proteção de culturas de qualidade no atual milénio, 18-19 de julho de 2001, PAU, Ludhiana, pp. 164.

Dhandapani, N. e Balasubramanian, M. (1979). Tabelas de vida para a broca da vagem da grama, *H. armigera* Hubner (Lepidoptera : Noctuidae) no algodão. *J. Ent. Res.*, 3 (2) : 186-190.

Dhandapani, N. e Balasubramanian, M. (1984). Estudos da tabela de vida da broca da vagem da grama, *H. armigera* (Hubner) no tomate. *Indian J. Ent.*, 46 (4) : 447-451.

Dochkova, B.; Donchev, K. e Dimtrova, T. S. (1982). Medidas de proteção das plantas - um fator importante na produção de sementes de luzerna. *Selskostopanska*, 20 (3) : 96-101.

Ganguli, R. N.; Singh, V. V.; Dixit, S. A. e Kaushik, V. K. (1997). Eficácia do NPV (Nuclear Polyherosis Virus) e do endosulfan contra a broca do tomateiro, *H. armigera*.

Curr. Res., 26 : 210-212.

Hampson, G. F. (1903). Catálogo dos Lepidoptera: Phalaenae no Museu Britânico 4. Museu Britânico de Londres, pp. 689.

Hardwick, D. F. (1965). O complexo da lagarta da espiga do milho. *Mem. Entomol. Soc. Can.,* 40 : 1247.

Hazra, C. A. (1995). Recursos forrageiros. In: *Advances in Forage Production Technology*, ICAR, New Delhi, pp. 2-7.

Howe, R. W. (1953). A determinação rápida da taxa intrínseca de aumento de uma população de insectos. *Ann. Appl. Biol.,* 40 : 134-135.

Islam, W.; Ahmed, K. N.; Nargis, A. e Islam, U. (1983). Ocorrência, abundância e extensão dos danos causados por insectos pragas do amendoim (*Arachis hypogea* L.). *Malaysian Agril. J.*, 54 (1) : 18-24.

Jayraj, S. (1981). Biological and ecological studies of *Heliothis*. Actas do Workshop Internacional sobre a gestão *da Heliothis*, 15-20 th de fevereiro de 1982, ICRISAT, pp. 17-28.

Khaire, V.M.; Umap, K. B. e Mote, U. N. (1989). Incidência comparativa e controlo químico do complexo da broca da vagem no feijão bóer. *Plant Prot. Bull,* 41 (1-2): 31-36. Khurana, A. D. (1997). Atividade sazonal e controlo químico de *H. armigera* (Hubner) no grão-de-bico. *Journal of Insect Science*, 10 : 48-51.

Koshiya, D. J. (1984). Estudos sobre análise biométrica, crescimento e tabelas de vida de *H. armigera* Hubner (Lepidoptera : Noctuidae) em diferentes hospedeiros. Tese de doutoramento apresentada à Universidade Agrícola de Gujarat, Sardar Krushinagar (não publicada).

Koshiya, D. J. e Patel, H. K. (1987). Tabela de vida e capacidade inata de aumento de *H. armigera* Hubner (Lepidoptera : Noctuidae) no tabaco. *GAU Res. J.*, 13 (1) : 61-63.

Kranz, J; Schmutterer, H. e Koch, W. (1987). Diseases, Pests and Weeds in Tropical Crops (Doenças, Pragas e Ervas Daninhas nas Culturas Tropicais). John Willy and

Sons, Nova Iorque, pp. 666.

Kulat, S. S.; Nimbalkar, S. A.; Radke, S. K. e Tambe, V. J. (1999). Avaliação de biopesticidas e extrato de neem contra *H. armigera* em grão-de-bico. *Indian J. Ent.*, 61 (1) : 19-21.

Lotka, A. J. (1925). Elements of Physical Biology. Williams and Wilkins, Battimore.

Mehta, D. M.; Patel, J. R. e Patel, N. C. (1994). Efeito ovicida e dissuasor da oviposição de produtos botânicos e em combinação com endosulfan em *H. armigera* Hubner. *Indian J. Plant Prot.*, 22 : 215-216.

Metho, D. N. e Singh, K. M. (1983). Sucessão de pragas de insectos no grão-de-bico, *Cicer arietinum* Linn. *Indian J. Ent.*, 45 (4) : 377-383.

Mishra, R. N. e Saxena, H. P. (1981). Procura de insecticidas mais seguros para o controlo da broca da vagem do grão-de-bico, *Cicer arietinum* L. *ICPN*, 5 : 12-13.

Mistry, A.; Yadav, D. N.; Patel, R. C. e Parmar, B. S. (1984). Avaliação de campo do vírus da poliedrose nuclear contra *H. armigera* Hubner (Lepidoptera: Noctuidae) em Gujarat. *Indian J. Plant Prot.*, 12 (1) : 31-33.

Morrill, W. L. (1979). Abundância e controlo de larvas de lepidópteros em alfafa na Geórgia. *J. Georgia. Ent. Soc.*, 14 (1) : 12-16.

Mule, N. M. e Chari, M. S. (1978). Quimioesterilização de traças macho da broca da cápsula do tabaco, *H. armigera* Hubner. *Tobacco. Research*, 4 (2) : 16-23.

Pal, S. K.; Das, V. S. R. e Armes, N. J. (1996). Avaliação de misturas de insecticidas para controlar *H. armigera* em grão-de-bico. *ICPN*, 3 : 44-46.

Pandov, K. (1976). Inimigos da luzerna na República Popular da Bulgária. Ministério da Agricultura e da Indústria Alimentar, Roménia: The papers of the 5th Inter balcanic Plant Protection Conference. *Probleme- de- Protectia- Plantelor*, 4 : 205-209.

Parihar, S. B. S. e Singh, B. R. (1986). Incidência de *H. armigera* Hubner, uma broca do fruto do tomateiro. *Indian J. Plant Prot.*, 13 (2) : 133-136.

Parsai, S. K.; Choudhary, R. K. e Sahu, H. R. (1989). Eficácia comparativa e economia de alguns insecticidas piretróides e não piretróides contra *H. armigera* (Hubner). *Indian J. Pulses Res.*, 2 (2): 147-151.

Patel, C. C. e Koshiya, D. J. (1998). Tabela de vida da broca da vagem da grama, *H. armigera* (Hubner) em luzerna. *GAU Res. J.*, 23 (2) : 45-53.

Patel, C. C. e Koshiya, D. J. (1999). Dinâmica populacional da broca da vagem da grama, *H. armigera* (Hubner) Hardwick em algodão, feijão bóer e grão-de-bico. *GAU Res. J.*, 24 (2) : 62-67.

Patel, C. C.; Patel, J. R.; Patel, T. D.; Patel, S. A.; Yadavendra, J. P.; Patel, M. R. e Vaishnav, P. R. (2003). Avaliação da perda de rendimento de sementes de luzerna devido a diferentes pragas. Trabalho apresentado no Simpósio Nacional sobre Sustentabilidade, Avanço e Áreas Futuras de Investigação sobre Forragens, realizado em 5-6 de março de 2003 no CCS HAU, Hisar, Haryana, Índia.

Patel, Z. P. e Mittal, V. P. (1986). Estudos da tabela de vida de *H. armigera* (Hubner) em sorgo. *GAU Res. J.*, 11 (2) : 61-64.

Pokharkar, D. S. e Chaudhary, S. D. (1997). Eficácia combinada do vírus da poliedrose nuclear e de insecticidas sintéticos contra *H. armigera* (Hubner) no tomate. *Indian J. Pl. Prot.*, 25 (1) : 20-23.

Rabindra, R. J.; Balasarawathy, S. e Jayraj, S. (1991). Combinação de NPV com certos botânicos para o controlo de *H. armigera* (Hub.) em grão-de-bico. *J. Biol. Control,* 52 (2) : 85-87.

Raghuwanshi, R. K. (1990). Estudos ecológicos sobre *H. armigera* (Hubner) com especial referência a estudos de tabela de vida em sorgo e grão-de-bico. Tese de doutoramento. JNKVV, Jabalpur, Índia, : 86-104.

Raghuwanshi, R. K. e Vaishampayan, S. M. (1992). Tabela de vida da broca da grama (*H. armigera* Hubner) em sorgo e grão-de-bico. *Ann. agric. Res.,* 13 (3) : 257-261.

Rawale, B. N.; Kausale, P. P.; Munde, A. T.; Kedar, P. B.; Sonkamble, M. M. e Waghmode, D. B. (2002). Eficácia dos insecticidas e do extrato de sementes de neem contra os bollworms do algodão em NHH-44. *J. Soils and Crops*, 12 (1) : 75-77.

Reed, W. e Pawar, C. S. (1981). *Heliothis*, um problema global. Proc. Int. Workshop on *Heliothis* management 15th -20th November, 1981 ICRISAT Centre, Patancheru (A.P.), India pp. 9-14.

Sachan, J. N. e Lal, S. S. (1993). Papel dos insecticidas botânicos na gestão de *Helicoverpa armigera* em leguminosas. Trabalho apresentado no Simpósio Nacional sobre Pesticidas Botânicos na Gestão Integrada de Pragas, realizado em Rajmundary Andhra Pradesh, Índia, de 21 a 22 de janeiro de 1990, pp. 261-269.

Santharam, G. e Balasubramanian, M. (1982). Efeito do NPV utilizado sozinho e em combinação com insecticidas no controlo de *H. armigera* Hubner na grama de Bengala. *J. Entomol. Res.*, 6 (2) : 179-181.

Sarode, S. V.; Jumde, N. S.; Deotale, R. O. e Thakare, H. S. (1995). Avaliação do extrato de sementes de neem em diferentes concentrações para a gestão de *H. armigera* Hubner em ervilha-de-angola. *Indian. J. Ent.*, 57 (4) : 385-388.

Sarode, S. V.; Jumde, N. S.; Deotale, R. O. e Thakare, H. S. (1996). Bioeficácia do extrato de caroço de sementes de nim e do HaNPV contra *H. armigera* (Hb.) no algodão. *PKV Res. J.*, 20 (1) : 96-97.

Shaheen, A. H. (1977). Levantamento das pragas que atacam o tomate no Egito com algumas notas ecológicas. *Agril. Res. Rev.*, 55 (1) : 49-57.

Singh, G. (1977). Estudos sobre a bionomia e o controlo da broca do tomateiro, *H. armigera* Hub. Tese de Mestrado (Agri.) apresentada à Universidade Agrícola de Punjab, Ludhiana (Não publicada).

Singh, H. e Singh, G. (1975). Biological studies on *H. armigera* (Hubner) in the Punjab. *Indian J. Ent.*, 37 (2) : 154-164.

Singh, J. e Singh, A. S. (1980). Estudos sobre *H. armigera* Hb. como praga do algodão hirsutum em Punjab. *Entomon*, 5 (3) : 185-189.

Singh, J.; Sandhu, S. S. e Singla, M. L. (1990). Ecologia de *H. armigera* Hubner em grão-de-bico no Punjab. *J. Insect Sci.*, 3 (1) : 47-52.

Than, M. L.; Babu, P. C. S. e Balasubramanian, G. (2000). Eficácia dos biopesticidas contra *H. armigera* no grão-de-bico. *Indian J. Ent.*, 62 (1) : 53-59.

Todd, E. L. (1978). Uma lista de verificação das espécies de *Heliothis ochenheimer* (Lepodoptera : Noctuidae). *Proc. Entomol. Soc. Washington*, 88 (1) : 1-14.

Ujagir, R.; Chaubey, A. K.; Sehgall, V. K.; Saini, G. C. e Singh, J. P. (1997). Avaliação de alguns insecticidas contra *H. armigera* em grão-de-bico em Badaun, U.P., Índia. *ICPN*, 4 : 22-24.

Wu, K. C.; Chen, Y. P. e Li, M. H. (1978). Tabelas de vida para populações experimentais do bicudo do algodoeiro, *H. armigera* (Hubner), a diferentes temperaturas. *Ata Entomologica Sinica*, 21 (4) : 385-392.

Wu, K. C.; Chen, Y. P. e Li, M. H. (1980). Influência da temperatura no crescimento da população de laboratório do bicudo do algodoeiro, *H. armigera* Hubner. *Ata Entomologica Sinica*, 23 (4) : 358-368.

Yadav, D. N.; Patel, R. C. e Patel, D. S. (1986). Abundância sazonal de *H. armigera* (Lepidoptera : Noctuidae) em diferentes plantas hospedeiras em Anand (Gujarat). *GAU Res. J.*, 11 (2) : 32-35.

Yadav, J. L.; Chauhan, R. e Yadav, P. R. (2000). Bioeficácia dos insecticidas contra a população larvar de *H. armigera* (Hub.) na ervilha forrageira. *J. Experimental Zoology*, 3 (1) : 109-114.

APÊNDICE

Appendix I

Método de tentativa e erro para o cálculo da taxa intrínseca de aumento natural (rm) de *H. armigera* em luzerna

Idade pivotal em dias x	**lxmx**	**rm= 0,12**		**rm= 0,13**	
		$e^{7- rmx}$	$e^{7- rmx}$. lxmx	$e^{7- rmx}$	e $e^{7- rmx}$. lxmx
36	0.77	14.585	11.231	10.176	7.836
37	0.77	12.936	9.961	8.935	6.880
38	0.77	11.473	8.834	7.846	6.041
39	13.94	10.176	141.853	6.890	96.047
40	28.05	9.025	253.151	6.050	169.703
41	33.80	8.004	270.535	5.312	179.546
42	35.23	7.099	250.098	4.665	164.348
43	29.27	6.297	184.313	4.096	119.890
44	18.45	5.585	103.043	3.597	66.365
45	13.81	4.953	68.401	3.158	43.612
46	11.12	4.393	48.850	2.773	30.836
47	7.75	3.896	30.194	2.435	18.871
$\sum e^{7- mx}$. lxmx= 1380.464 $\sum e^{7- rmx}$. lxmx= 909.975					

Appendix II

Método de tentativa e erro para o cálculo da taxa intrínseca de aumento natural (rm) de *H. armigera* em grão-de-bico

Idade crucial em dias x	**lxmx**	**rm= 0,11**		**rm= 0,12**	
		e^{7-rmx}	e^{7-rmx}. lxmx	e^{7-rmx}	e^{7-rmx}. lxmx
37	0.74	8.935	6.612	6.172	4.567
38	0.74	7.846	5.806	5.366	3.971
39	0.74	6.890	5.099	4.665	3.452
40	0.74	6.050	4.477	4.055	3.001
41	11.14	5.312	59.176	3.525	39.269
42	28.39	4.665	132.439	3.065	87.015
43	33.37	4.096	136.684	2.664	88.898
44	46.18	3.597	166.109	2.316	106.953
45	67.34	3.158	212.660	2.014	135.623
46	72.52	2.773	201.098	1.751	126.983
47	48.28	2.435	117.562	1.522	73.482
48	26.60	2.138	56.871	1.323	35.192
49	18.90	1.878	35.494	1.150	21.735
50	6.16	1.649	10.158	01.00	6.16
		$\sum e^{7-rmx}$.	lxmx= 1150,245		
		$\sum e^{7-rmx}$	. lxmx= 736,301		

Appendix III

Método de tentativa e erro para o cálculo da taxa intrínseca de aumento natural (rm) de *H. armigera* em sorgo

Idade pivotal em dias x	**lxmx**	**rm= 0,11**		**rm= 0,12**	
		e^{7-rmx}	e^{7-rmx}. lxmx	e^{7-rmx}	e^{7-rmx}. lxmx
37	0.66	18.727	12.360	12.936	08.538
38	0.66	16.776	11.072	11.473	07.572
39	0.66	15.029	09.919	10.176	06.716
40	0.66	13.463	08.886	09.025	05.957
41	5.68	12.061	68.506	08.004	45.463
42	15.18	10.804	164.005	07.099	107.763
43	22.77	09.679	220.391	06.297	143.383
44	34.06	08.671	295.334	05.585	190.225
45	46.33	07.768	359.891	04.953	229.472
46	41.58	06.959	289.355	04.393	182.661
47	21.31	06.234	132.971	03.896	083.024
48	8.48	05.585	047.361	03.456	029.307
49	4.37	05.003	021.863	03.065	013.394
50	0.00	0.00	0.00	0.00	0.00
$\sum e^{7-mx}$. lxmx= 1641,914 $\sum e^{7-ımx}$. lxmx= 1053,475					

MIX
Papier aus verantwortungsvollen Quellen
Paper from responsible sources
FSC® C105338

Printed by Books on Demand GmbH, Norderstedt / Germany